风靡日本的厨房整理术

机械工业出版社
CHINA MACHINE PRESS

日本主妇与生活社 编　　蔡乐 等译

目录
contents

MY FAVORITE
KITCHEN

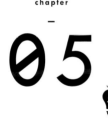
※ 本书中的一部分品牌为日本本土品牌，可选择海淘或代购购买，亦可选用类似款代替。

多一个步骤便可解决厨房的杂乱无章，

拥有一个能井然有序操持家务的厨房

MY FAVORITE
KITCHEN

如果烹饪工具使用得不恰当，

可能会导致食材的浪费。

如果做饭需要的时间过长，

那有可能是厨房的原因。

如果厨房的操作空间过小或器具未进行分类整理，

这样的厨房不仅可能无法顺利完成料理，就连踏入厨房的心情都会消失得无影无踪。

在本章中，将会为大家介绍大量解决这种厨房问题的实例。

通过对器具的分类整理，使做饭过程变得更加得心应手。

水槽台上有了可操作的空间，多做一个小菜也没有问题。

便利的厨房让每一天的烹饪多了乐趣。

让我们更加积极，更加努力地过好每一天！

怎么才能轻松拿取水池柜和吊柜中的物品——推荐采用一个动作就能拿取物品的"推拉式"收纳法。

江原南太太的厨房

适合懒人的
便捷收纳法

kitchen

这是一个出租公寓的厨房，房龄38年。水池柜的门扇上贴的胶合板，吊柜是一体式的设计，柜门采用的是两个门扇的推拉门。

A

在高处的收纳箱上装上把手，不用借助任何工具，伸手就能轻松拿放

在收纳箱的正面粘贴胶合板，再将毛巾架固定在底部，这样就可以做成把手。这个收纳箱里可以放一些干燥的物品。

C

将柜子设计成开放滑动式，即使是最里面的物品也可以轻松拿取

用木条做出框架，在横板侧面安装滑轮，门扇选用带孔的纤维板，搭配专门的挂钩，就可以把锅盖之类的东西悬挂在门的内侧。

B

将装垃圾袋的盒子制作成抽屉的样式

用胶合板做出盒子，在开口处横向固定两根圆棍，将垃圾袋展开悬挂在圆棍上。盒子其中一面的胶合板可以稍微短一截，这样可以方便拿取垃圾袋。

利用冰箱旁边的死角区域放置一个调料柜

通常为了更方便冰箱门扇的开关，放冰箱时会和墙壁之间空出 25 厘米左右的距离，可以利用这个空间，放置一个扁长的手工收纳箱。

切菜和装盘都在专门手工制作的操作台上进行。一边料理食材一边和儿子说话，非常有安全感。

　　我本身是一个大大咧咧的人，对厨房的整理也比较随意。锅和盘子就堆在料理台下面的柜子及高处的吊柜里，因为把东西放在吊柜里，取的时候会不方便，所以这部分空间并没有完全利用。我先生是一个很爱吃的人，我也想尽可能多地为他做饭，但是因为厨房的整理一直不到位，每次做饭时都要浪费很多时间。

　　为了解决这个问题，我能想到的方法是"推拉式"收纳法，这种方法拿取物品只需要一个动作就能完成。在原本需要踮脚尖才能够到的吊柜里，放入安装了把手的收纳箱，只需拉出收纳箱就能拿取里面的物品。使用手工收纳箱整理料理台下面的空间，因为在收纳箱里安装了滑轮和隔板，锅和盘子单手就可以轻松拿取。冰箱旁边的空隙里也放入了带卡通人物形象的收纳盒，用于收纳各种调味品。因为整理出了原本放在水槽下方的调味品，水槽下方空出来一部分空间，可以充分利用这些空间放一些经常使用的物品，这样操作更加方便。

　　经过这些努力，做饭时的可操作空间一下子就变大了，我就可以专心做饭了。

在第一个映入眼帘的热水器正面贴上"黑板"贴纸，给厨房增添了一份情趣。

各类勺子整齐地挂在离灶具较近的一侧

每天都要用的碗碟放在吊柜上

调味品要放在伸手就能拿到的地方

厨房整体空间较小，为了节省空间，烹饪工具选用了壁挂式收纳法。每次清洗完工具之后就可以顺手挂在墙上，这种方法对于懒人可以说是一箭双雕。

利用吊杆可以有效扩大料理台的使用空间

将黑色金属杆用挂钩固定在墙上制作成吊杆，可以用来挂汤勺和削皮器等工具。

平底锅的最佳位置在炉灶旁边

料理台旁边的窗上安插木板可以做成架子。不仅可以挂平底锅，还可以收纳清洁用品。

刀具可以用磁性刀架固定在墙上，非常方便拿取

在墙面贴上磁砖样式的贴纸，选用"宜家"的磁性刀架，就可以将刀具固定在墙壁上。

热水管正好可以用来挂湿海绵

在热水管上挂上带挂钩的夹子，夹上湿海绵。湿海绵上的水正好可以滴落在下方的水槽里。

在水槽上方空出一小片区域，在木板上用卡箍固定几个玻璃瓶，可以将经常使用的筷子和勺子等餐具放在玻璃瓶里。

放置咖啡的区域也可以巧用墙面，使操作空间更加开阔

1. 正面带孔的墙面上，安装隔板用于放置各种咖啡用具。Osb 板侧板的顶端安装了一个红酒柜。2. 毛巾架可以用作厨房纸巾支架。为了防止脱落，在毛巾架的顶端插上一个红酒塞。3. 为了打造出一个时尚咖啡吧台的氛围，在操作台上可以装饰真正的花砖。

厨房收纳的难点之一就是洗涤台狭小，可以放置物品的空间就很少。这个问题可以通过利用墙面来处理。收纳的关键就是，从厨房用具到食器，都要放在顺手就能拿的地方，尽量减少拿取时需要的动作。

汤勺和锅铲放在炉灶前面的区域，备用的调味品就放在操作台的旁边。使用频率较高的平底锅可以统一放在炉灶旁边的窗柜里。经常使用的食器放在固定吊柜上，装盘时就可以不用更换场所。

因为柜子里的空间不能直接看见，所以收拾厨房时就很容易忽视，相反那些直接能看见的地方一旦变得凌乱，很容易激起人想要收拾的欲望。东西用完之后洗净擦干，然后放回它原本的位置，这样收拾厨房时就会轻松很多，真是太棒了！

操作空间只有 20 厘米怎么办？
菜品一道一道地完成，即使操作台空间狭小，
也可以顺利完成，我的方法是，充分利用死
角空间。

这是一个房龄为 15 年的两室一厅的公寓，我们住进这个公寓已经有 3 个月
了。刚住进来那会，最让人头疼的就是，洗涤台太小了。操作空间只有 20 厘米，
连放个菜板的空间都不够。厨房工具和沥水架没有地方放，水槽一直被杂物堆得
满满的。

这时我想到了死角空间。例如汤勺和锅铲之类的比较常用的工具，可以挂在
沥水架周围。便当盒之类的小东西可以放在冰箱和排烟罩的上方。将使用频率较
高的东西放在触手可及的地方，
这样做饭时可以减少很多动作。
我将原本无处安放的沥水架放在
了洗涤台和冰箱之间的空隙中。
这样一来，洗菜和炒菜就可以同
时进行，节省了不少时间！

刚搬进来那阵子本来想邀请
朋友来家里开晚餐会，但却不得
不放弃。厨房整理出来之后终于
可以实现了。

厨房和餐厅加起来面积只有不到 10 米 ^{2}。虽说空
间比较小，但是至少可以保证从厨房到餐桌之间
移动顺畅无阻。

不经常使用的东西放在冰箱上

面包罐里放着花瓶等，箱子里放着不
经常使用的便当盒。

**在冰箱旁边的空隙中放置了一个
DIY 架**

将已经不用的衣柜改装成一个宽度约
20 厘米的手推车，里面可以收纳备
用的厨房纸等物品。

**抽油烟机的上方也可以存
放一些库存品**

"大创（DAISO）"里买的带
盖子的烟灰缸用于小物品的分
类收纳，在烟灰缸侧面贴上标
签就可以用于收纳橡皮圈以及
小夹子等物品。

洗涤台宽 110 厘米，深 60 厘米。为了保证洗涤台看起来干净整洁，尽量不要将厨房用具以及调味品盒等放在外面。

搬来这里 3 个月，前前后后请了 40 个朋友来家里做客，可以向朋友展示我干净整洁的厨房真好。

1

2

餐巾纸藏在桌板下面

1. 使用多年的桌子上贴上一层着色复古的 SPF 板材。

2. 将两根金属杆平行固定在桌板下方，再将抽纸屉反着放入金属杆与桌板的间隙，不用站起来就能拿到抽纸，非常方便。

想给单调的厨房里增添一点变化，在设计时就混合了树木、混凝土、花砖等多种元素。

除了地方小，还有一个问题是装潢过于单调，这时我想到将厨房改造成咖啡厅的风格，在这样的环境里享受最喜欢的咖啡才相得益彰。

首先，手工制作一个吧台，在台面上贴上人字呢就可以打造出复古风。吧台下方的空间也不能浪费，我将这部分做成了一个柜子，用来收纳餐具等物品。接着，为了打造一个摩登的灯光效果，在吧台两端安装了支柱，通过支柱将一根管轨水平固定在吧台表面。在管轨上安装工业风的装饰灯，立马高大上了起来！

专门用来放咖啡用具的移动柜台也是自己亲手制作的。有客人来的时候，把柜台拖到客厅桌子的旁边，就可以当作备餐台。

每天下班回家之后，端着咖啡悠闲地看着厨房，一天的疲倦都一扫而空。

移动柜台集中收纳全部的咖啡用具

1. 手工移动柜台的最上面一层摆放着使用频率较高的咖啡豆和咖啡壶。中间的一层放热水壶和空的咖啡罐。2. 招待客人用的南非红茶和香草茶等各种茶类也都一并收纳进这个柜台。

在两个书架的上方加一层木板制作成一个简易吧台

1. 将厨房用纸挂在吧台的侧面，这样做饭需要的时候，转身就能拿到。2. 书架上方的木板厚约3毫米，是五种颜色交替的杉木板。在它的表面用木工专用的胶粘纸粘上一层人字呢。3. 从 NITORI 买来的书架附有很多用来调整架子的暗卯，每层架子之间的距离可以自由调节，非常方便。

我非常喜欢喝咖啡，一天至少喝四杯。为了好好享受喝咖啡的时光，就将自己的厨房打造出了咖啡馆的风格。

原本就有的瓷砖样式和木质样式的壁纸正好是我想要的风格，装修时就保留了下来

1. 用 Sinco 上买的复古风的壁纸装饰洗涤台上面的墙壁，粘贴时我用的是彩色胶带和双面胶。2. 灯光照明选择的是三个不同设计风格的灯。我最喜欢的是右边 Casti-p 的灯，可以网购。3. 为了和地板的颜色相称，洗涤台的门扇上也用了同色系的木纹壁纸。壁纸是在"壁纸屋本铺"买的 Lunon 木纹样式的壁纸。

没有门扇的
开放式收纳法

kitchen

洗涤台表面贴着 Sangetsu 买来的木材样式的壁纸，壁纸表面的花纹是浮雕设计，很有质感。

原本吧台放置在操作台的前面，但是这样会影响视线，所以就去掉了，取而代之的是折叠桌，不使用时可以收起来节省空间。

刚搬进来的时候，对陈旧的厨房很不满意，所以就手工制作了一个非常可爱的吧台。刚做成的时候，还有一种咖啡馆的既视感，高高兴兴地做了几天饭。新鲜感消失之后，发现这个吧台使我的仅有 7 米^2 的厨房更加拥挤，最后还是拆掉了。

拆掉了吧台，操作空间就少了一大块。偶然在 CO·OP 的官网上看到了一款折叠式小桌子，这种桌子正好适合我家的厨房，想用的时候拿出来，不需要的时候收起来不占地方。我立刻就下单买了一个，用了一段时间之后觉得收放自如简直太方便了！做饭时可以用来放食材，这样就节省了一趟一趟地去冰箱取食材的时间。桌子底下带滑轮，还可以移动到客厅，放在沙发旁边当作小茶几使用，非常方便。

与有吧台的时候相比，饭菜上桌的速度明显提高。有了充裕的操作空间，做饭比原来更省时间，利用余出来的时间，每顿都可以多做一道小菜。

折叠式的小桌子不使用时折起来放在角落

1. 这种桌子折起来的时候只有 6.5 厘米厚。平时不用的时候就放在柜子与柜子的间隙，不占地方。2. 活动小桌子是在 CO·OP 购入的。桌面上加了一层用油蜡着色的杉木。

小推车可以用来收纳调味品

1. 这个"宜家"的小推车已经闲置很久了，现在被我用来收纳各种厨房用具。2. 每天都要使用的调味品放在小推车的最上面一层。放在炉灶旁边，做饭的时候伸手就可以拿到。用手帕之类盖在上面，遮住了里面放置的杂物，看起来更整洁。

原来的厨房

吧台作为操作台使用。这样虽然空间充裕，但是吧台是横向摆放的，会挡住从厨房到客厅的道路。

去掉吧台后，从厨房走到客厅就顺畅多了

沙发前的桌子既是茶几又是餐桌。去掉吧台之后，从厨房到客厅就可以长驱直入，更加便捷。

"宜家"买的金属架，纵深约 27 厘米，细长型，适合放在狭窄的厨房节省空间，是我爱用的厨房用具。

撤掉吧台让厨房少了很多收纳空间，原来放在吧台的东西没有地方放，这时候我就重新启用了很多闲置的架子，将架子和手推车放在洗涤台左右两边，贴着墙壁摆放。展示柜也是手工制作的，为了节省空间，在制作时将深度故意做得很窄。

我其实不太爱收拾房间，为了不在收拾整理上花太多时间，于是就想在厨房用具的收纳方法上下点功夫。汤勺和餐具等经常使用的东西，我采用开放式收纳法，并且将它们放在最方便的高度，使拿取过程变得更加流畅。锅和长筷子等放在操作台的旁边，托盘和刀具等吃饭要用的东西就放在桌子附近，这样一来，上菜的过程也方便了很多。

通过改善收纳方法，让厨房焕然一新，连打扫卫生都充满乐趣。我从没有像现在这样喜欢厨房。

小厨房只有 7 米^2，为了尽可能地利用这些空间，将收纳架放置在洗涤台附近，这样一来，即使从客厅角度看厨房也十分干净整洁。

操作台的台面上贴着在 DreamSticker 购买的马赛克图案的贴纸，厨房立刻变成了简洁风。

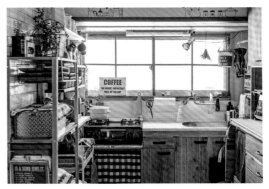

炉灶旁边是放置汤勺和锅等厨房用具的最佳位置

1. 不使用的抽屉可以单独抽出来竖着放在炉灶旁边。抽屉顶部钉上挂钩，用挂钩固定一根圆棒，可以用来悬挂汤勺、锅铲等。2. 剪刀和厨房用纸最好挂在操作区域的正前方。窗框是我自己手工制作的，在窗台上用钉子固定挂钩。3. 锅类悬挂于固定在架子顶部的毛巾架上，洗过后直接挂上去晾干，非常省事。

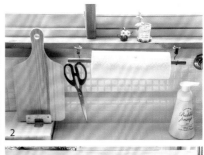

沥水架放在水槽旁边

1. 窗台上固定着拉手，上面可以悬挂装着清洗剂的喷壶。2. 水槽和墙壁之间的空间正好可以放下沥水架。沥水架购于"宜家"，上方放置了一个手工制作的架子，用来放一些清洗工具。

离水槽较远的架子上放着餐桌上经常使用的东西

面包和专门给小孩子准备的紫菜盐等物品，装入纸袋或者盒子里放在餐桌附近

每天都要使用的餐具放在目光平视可以看见的地方最方便

1. 洗涤台对面靠右的位置放着一个储物架，架子中间的一层原本放着各种小家电，为了更好地收纳，现在这块地方放着经常使用的餐具。

2. 中间一层的金属筐里放着用于处理多余食材的密封保鲜盒和密封罐。

餐厅和厨房一共 14.5 米²。虽然宽度足够，但因为是细长型的布局，而且柜子和隔间较多，以至于没有地方放家具。

渡边麻衣太太的厨房

一箭三雕的
吧台

kitchen

餐具架原本放在冰箱的旁边，这样上菜的时候会非常不方便。
我自己手工制作了一个可以收纳餐具的吧台，没想到这样方便多了。

餐具柜上面的区域设计成咖啡店的风格，再摆上各种酒更是别具一格

1. 光是吧台还无法满足，所以在吧台上面加了架子。在架子顶端，两面都方便拿取的地方固定一个毛巾架，上面挂着经常使用的马克杯。2. 用两个柜子做吧台的底座，一块木板架在两个柜子的顶端，底座的正面和侧面围了一圈木板。

我家的厨房在一个小角落，位于冰箱和垃圾窗之间。所以，厨房的旁边就没有放餐具柜的地方。如果餐具柜放在离厨房较远的地方，每次上菜的时候就要端着菜跑来跑去，特别不方便。为了解决这个问题，就制作了一个可以当作餐具柜的吧台。吧台的主体是用两个书架做成的，宽度正好可以放得下微波炉和平时经常使用的餐具。吧台上架子的高度在设计时也是精确到厘米。

1

2

冰箱旁边是餐桌。因为可以在吧台装盘，所以菜品上桌很方便。

采用了这种开放式收纳法后，拿取餐具时轻松了很多。之前没地方放的垃圾箱也有了专门的地方。吧台上可以进行很多操作，比如装盘等就可以迅速完成，大大缩短了做饭时间。

可能是因为这样的厨房很有外面餐厅的气氛，孩子们也很喜欢，连做作业都要在餐厅做。下午先生下班回家，两个人还可以并排坐在吧台上喝点小酒。现在这个吧台深受全家人喜爱。

吧台有三种用途，不仅可以当作配膳台，还可以让孩子写作业，更可以变成酒吧的吧台

正在上小学的三个孩子放学回家以后就立刻开始了吧台争夺战。孩子好像都喜欢和在厨房做饭的我一边聊天一边写作业。

为了方便喜欢做家务的孩子们，
我把平时经常使用的餐具都放在最下层

1. 吧台上面的餐具柜主要放着一些小盘子，用盘架收纳，拿的时候很方便。2. 日常使用的餐具和刀具等就放在吧台里面小孩子也可以够到的地方。

炉灶上面的墙壁上贴着的是"宜家"买来的家具翻新贴纸。洗涤台上面的墙壁上加了一层胶合板，胶合板同样选择的是墙壁样式，用双面胶粘上即可。

每次做饭都要做六个人的量，调味品和工具就会非常多。

厨房的洗涤台长度只有120厘米，可以利用的空间很少，我想到的解决方案就是把死角都充分利用起来。

多余的防水地板革用在了吊柜的门扇上。洗涤台的门扇上用的是黑色的胶合板，依然用双面胶粘贴。

炉灶靠墙壁内侧的间隙，我手工制作了一个食用油的收纳台

1. 用胶合板做出一个长方形盒子，盒子的底部剪下一块以便让软管通过底部，收纳台正好可以遮住燃气开关和燃气管。用黑色的涂料将收纳台涂黑，再加上一些洋气的 LOGO。2. 因为收纳台比炉灶要高出一部分，放在上面的厨房用纸和油瓶很顺手就能拿到。

抽油烟机的边框可以当作工具架

我想把所有常用的厨房用具都放在外面，从"Seria"买的抽油烟机专用的四排挂钩，我用了两个，就可以把所有工具都挂出来。

热水管也可以当作收纳工具使用

我在"CanDO"发现的一款特别的挂钩，它的形状正好可以套在热水管的外面。上面可以挂上海绵和洗碗刷之类的东西。

我家有 4 个小孩，分别是 11 岁、9 岁、7 岁和 4 岁，正是能吃的时候。餐具我都尽量一道菜只用一个盘子。但是因为每次做饭的量都很大，就会用到很多工具，调料的量也没办法减少，所以洗涤台上经常会乱七八糟。

为了解决这个问题，我将墙壁和间隙都利用了起来。平底锅之类的工具都挂在墙上，洗涤台前方的墙上制作了一个收纳柜，专门用来放调料瓶和咖啡用具。想用时顺手就能拿到。

在改变收纳方法的同时，顺便用家具翻新贴纸和壁纸等将墙壁和柜子等都重新装饰了一下，让我家的厨房变成了欧式复古餐厅的风格，一下子就解决了房龄 30 年的陈旧感，改善了布局不合理造成的操作不便。

自己设计翻新贴纸，让它更有咖啡馆的气氛

1. 从"Seria"购买的翻新贴纸再贴上复古风的贴画，提升时尚感。
2. 上面是从"Sangetu"购买的黑板贴纸，下面是"SINCOL"复古瓷砖样式的壁纸。中间用 1 厘米宽的木材进行衔接，遮住了两种贴纸的接缝。

窗户旁边的角落也可以用来收纳

1. 从"Seria"购买的布袋子里面装的是超市的塑料袋。
2. 吧台和垃圾窗之间的间隙放一个带滑轮的柜子，上面可以放上电饭锅和热水壶。因为茶杯就在旁边的架子上，所以泡茶的时候非常方便。

沼田麻生太太的厨房

即使空间**狭窄**

也能活动自如

kitchen

这个房子房龄 45 年。搬家的原因是儿子 11 岁了，需要自己的房间。这个房子三室一厅正好比原来多一个房间。

配餐台带滑轮

1. 在二手店买了一个小柜子，自己动手改装，涂上自己喜欢的颜色，再加上滑轮。柜子上贴着的是从"CAINZ"买的瓷砖贴纸，还有防滑作用，可以放心地把锅和盘子之类的东西放上去。2. 这个高度我两岁的女儿也可以帮忙端菜。

1

2

厨房和餐桌之间相距 2 米，上菜的时候就会特别麻烦。还有，不好放家具也是一个问题。

我家的厨房很窄，只有必须的家电和餐具才会放在厨房。所以，餐具盒以及咖啡器具都放在客厅，这样操作起来更方便一点。

之前的餐具柜现在被当作咖啡器具的收纳柜

1. 从"Salut!"购买的柜子，专门用来放过滤纸、砂糖和漏斗等物品。2. 从横滨的"Recycle-graden"买的餐具柜收纳着招待客人用的茶杯以及经常喝的咖啡。柜子的上面可以直接当作操作台。

随着孩子们一天一天长大，房间也渐渐变得狭窄，我们就换了同一个小区里大一点的房子。这个房子的户型不是很好，虽然房间多了但是厨房却比以前窄了许多。

洗涤台和餐桌之间隔得比较远，非常不方便。厨房过于狭窄，站在洗涤台前一回头就是墙壁。另外，一些大的电器没有地方放也是一个问题。

我能想到的解决方案是餐厅需要的东西就放在餐桌附近。在冰箱侧面加一个架子，上面放上麦片，这样爸爸每天早上上班之前自己准备早饭也能方便一些。在餐桌附近放一个餐具柜专门放置茶叶和咖啡，这样家里来客人的时候也不用跑到厨房，直接在客厅就可以准备茶水。

客厅里多了这些柜子，放在厨房的就只剩几件必要的东西。还有一些小东西也可以放在架子上，让狭窄的厨房多了很多可利用的空间。

摆放餐具的架子正好还可以挡住冰箱

这个架子里面放着爸爸平时吃的麦片，以及料理书和托盘等物品。

因为房子是租来的，我在 DIY 的时候会在不破坏原物件的情况下进行

1. 这个复古花纹的壁纸来自"lilycolor"，这款壁纸的系列叫"混合假日花纹"。壁纸上的条纹是美纹纸材质。2. 在窗子上方一上一下安装两根伸缩棒，在两个伸缩棒上挂上带花边的布料，看起来就像便利店一样。3. 选用"sangetu"的厨房贴纸贴在洗涤台前方的墙壁上。即使溅上油污，用抹布一擦就可以轻松去除。

巧用家具翻新壁纸和 MT 贴纸，

一扫 45 年房龄的陈旧，

在这个焕然一新的厨房，

每周都可以享受制作蛋糕的快乐时光。

1. 这个带花纹的时尚米袋是在家附近的建材超市"Sekichu"里发现的，非常适合收纳像杯套之类的小东西，把各种各样颜色的东西装到一个袋子里，看起来整齐一些。2. "CANZI"的小号收纳盒用来收纳各种盘子，将收纳盒并排竖着放，这样取的时候方便一点。

篮子和布都尽量选择比较素的颜色

这个收纳架来自"宜家"。一些颜色比较鲜艳的东西就放入篮子里或者用布盖起来，这样可以掩盖凌乱的生活气息。

我喜欢怀旧复古风，所以才会选择住在这个比较旧的小区。但是，毕竟房子时间比较长了，还是有很多不方便的地方。为了让生活更加方便，很多地方还需要自己动手改造。

厨房除了有空间太小活动不开的问题以外，光线也不好，总是感觉阴沉沉的。我就重新贴了壁纸，用的都是花纹、瓷砖和条纹样式，并且颜色比较明亮的壁纸。地板上同样贴上了木纹的贴纸，清理地板的时候轻松很多。另外，收纳茶叶和咖啡器具的餐具柜的表面，用昭和复古风的贴纸来装饰再适合不过了。换了一套可爱风的厨房用具，摆在外面也很好看。

改造成复古风的厨房一扫过去阴沉沉的感觉，变得舒适又温馨。我平时的乐趣就是自己做蛋糕，在这样的厨房里会越做越起劲。

洗涤台门扇的表面贴着"MTCASA"的MT贴纸。我很喜欢这种雅致的灰紫色。

精致的咖啡杯和咖啡器具直接摆在外面

1. 这是家人最喜欢吃的面包的配方，我把它贴在墙上。
2. 炉灶靠近墙壁一侧的间隙放了一个架子，平时用来放厨房用具。
3. 单纯只用沥水架缺乏情调，在沥水架的一半位置垫上杯垫，在上面放上自己喜欢的咖啡杯。

根来知穗美太太的厨房

让所有的用品都有
自己专属
的摆放位置

kitchen

洗碗池的柜门上贴上油漆过
的胶合板，再装饰上英文。
烤箱门及窗柜统一用了黑色。

客厅和厨房之间的隔断，可以防止客人直接看到厨房

1. 原来厨房和客厅之间相通，没有隔断。再加上冰箱没有地方放，我就在冰箱外面加上一层木板放在厨房与客厅之间，这样就可以做成一个隔断。2. 用木板将冰箱围一圈，侧面固定一个折叠式的配餐台。来客人时，可以把招待客人的杯子和咖啡壶暂时放在上面。

吊柜下面墙壁上的空白部分设计了一个小餐具柜

制作柜子的材料是 SPF 板材，用三个 L 形金属支架将柜子固定在墙壁上。另外一边用来放调味品正合适。

我们家厨房只有 5 米^2，
家里一共 5 个人，需要很多餐具，
但是却没有放餐具柜的地方，
于是就把餐具分散到家中几处小柜子里，这才让餐具有了收纳场所。

　　我家有三个小孩，最小的在上小学，最大的在上高中，都正是能吃的时候。做饭时，每道菜的量都很大，餐具也很多。但是，厨房只有 5 米^2，没有放大型餐具柜的地方，让人很头疼。

　　为了解决这一问题，我在厨房的一些死角放置小型收纳柜，将餐具分散开来进行收纳。在洗涤台和吊柜之间的墙壁上固定一个收纳架，专门用来收纳餐具和调味品等物品。这样做好的菜就能立刻装盘，非常方便。洗涤台的对面是专门用来放小家电的架子，再加上操作台上的空间也很充足，装盘的时候更加容易操作。除此之外，还有一些死角，例如，窗沿上方以及水槽旁边等空白区域都可以利用起来。

　　通过这种方法，才整理好了家里五口人的餐具。另外还有一些小窍门，例如将吊柜的门拆下来，这样不仅少了一份压迫感，取东西的时候也能方便一些。就是这些窍门让我家狭长的厨房也变得非常方便实用。

拆下吊柜门让柜子里面一览无余

1.各种物品五颜六色的包装直接摆在外面，特别显眼，于是我将袋装红茶和咖啡包都装在牛皮纸袋里，这样就可以看起来不那么凌乱。2. 由于之前经常做常备菜，所以家里会有很多密封盒。这些盒子现在不怎么用了，就把它们集中放在一个筐子里，放在吊柜的最上面一层。

使用折叠式收纳箱可以充分利用小空间

1. 吊柜一共有两层，下面一层放一些经常会用到的东西，基本用不到的东西就放在上面一层。2. "Niko and"里发现的折叠箱在不用的时候可以折起来放在角落。这种箱子最适合拿来收纳食品类。

炉灶的对面放着每天使用的比较大的盘子。做饭时转个身就能拿到。

洗涤台和墙壁之间的空隙也可以利用起来，我放了两个手工制作的架子，里面放着招待客人用的马克杯和一些不太用的餐具。

用数字和图案装饰十分可爱

按照颜色给放马克杯的地方起了名字。可以画上萌萌的吸管和勺子的图案，看起来温馨又有趣。

架子的边缘可以标出物品的摆放位置

将收纳架每一层木板的边沿涂黑，上面用白色的马克笔标出各种东西的摆放位置，这种手写体看起来很可爱。

洗涤台内部的收纳按照物品种类做了细致的分类

1. 操作台下方的抽屉里用隔板划分出很多区域，物品可以细致分类。同样，用白色马克笔在每一个区域的底部都写上名字。2. 水槽的下方，放着包装纸类，水壶、调味品的瓶子等分别放在不同的层。在制作收纳架的时候可以按照里面放置的物品来决定每一层的高度。3. 我会根据食材的不同使用不同的菜刀，为了每次方便拿取，我选择用餐刀架将菜刀固定在洗涤台门扇内侧。

为了让不擅长整理东西的自己能够记住东西的摆放位置，我在每件东西的位置都做了标记。

不能做标记的地方就用作开放式收纳的场所，也非常方便

1. 包装时用到的皮筋放在玻璃瓶里，牙线放在搪瓷的小碗里。这些东西一般放在冰箱旁边的架子上。2. 放置汤勺之类的厨房用具是从"Nitori"买来的不锈钢桶，就放在炉灶的内侧，取的时候也很方便。

冰箱的表面可以当作小黑板用来给家人留言

1. 原来淡粉色的冰箱，我在表面涂上一层黑色的水性涂料做成了一个小黑板。2. 大儿子有社团活动回来晚了的时候，我会把晚饭放进冰箱，在小黑板上给他留言。这样即使有事不在家也不用担心。

我不擅长把用过的东西放回原处。以前没有固定收纳的地方，总是随手放在空的地方，所以厨房总容易乱。

为了解决这个问题，决定在每个收纳位置做上标记。首先，选方便的位置用于收纳，在洗涤台下方用隔板和置物架做细致的分类收纳。然后，涂上黑色水性涂料，就能写字啦。保鲜膜、皮筋等小物件也固定了收纳位置。不能做标记的地方就用于开放式收纳。

这样让整理成了习惯，也受到了家人的好评，因为物品好找，好整理。

川畑舞太太的厨房

餐桌

是厨房的中心

kitchen

我和先生租住在房龄 23 年的三室一厅的公寓里，虽然厨具不多，但现有的台面不够用。

不同的东西放在不同的抽屉里

1 冰箱和后面墙壁的间隙放置了一个移动柜子，这是在网上买的梧桐木材质的柜子。2 抽屉里，从上往下分别装着密封袋、餐垫、托盘、保鲜膜、海绵等，这些物品按照种类分别放入不同的抽屉。

我身高只有 151 厘米，
为了方便我拿东西，我会把经常要用的东西放在比较低的位置，
为了更好地使用高度为 189 厘米的吊柜，我把餐桌椅当作梯子使用。

洗涤台的门扇上贴着的是从"大创 DAISO"买来的做旧木材样式的贴纸，吊柜的门扇上用胶合板贴成"V"形样式。

因为房间多、价格便宜等原因我们选择了这间公寓。但是，一住进来我就发现厨房太小了，非常不方便。本来可以用来放东西的空间就很少，再加上吊柜的位置又很高，每次取东西的时候都要踩着凳子，真的特别麻烦。

重新装修厨房的时候，我找到了解决厨房空间小的办法。我发现如果我将餐桌放在洗涤台的附近，餐桌旁边摆放的凳子正好可以当作梯子使用。这样一来，想取东西的时候立马就可以取到，省去了不必要的动作，可以将更多的精力放在做饭上。还有一个好处就是自己做饭累了的时候还可以坐在椅子上休息一下。

每天都要用的东西放在伸手就可以够到的高度。我将原来高度为 80 厘米的餐具柜换成了和我差不多高的柜子。虽然一开始对厨房不太满意，但是经过自己一番改造，现在越来越喜欢我的厨房了。

每天都用到的料理用具放在比身高低的位置

1. 我在水槽正前方的架子上准备了打扫卫生的工具，想打扫的时候就可以立即打扫。2. 放调味品的瓶子和罐子上都贴着自己制作的标签，整齐地摆在脚踏板做成的隔板上面。料理台的墙壁上贴着花砖样式的家具翻新贴纸，看起来很漂亮。3. 考虑到水槽下面的空间比较潮湿，这里一般会放一些金属制的用具。

每隔两个月我就会重新规划一下家具的最佳摆放位置，终于得到了现在的这个布局。

> 我家每天早上
> 会准备便当和晚饭需要的食材，
> 为了让准备过程更加迅速，
> 我在家具摆放位置上花了很多心思。

餐桌放在洗涤台附近，有时还可以当作操作台使用

洗涤台和餐桌的距离大概 1 米，在做饭时可以放平底锅、清洗好的蔬菜之类的东西。

　　我和先生两个人都有工作。我每天从中午工作到晚上22 点才能回家，所以晚餐的准备都会放在早上。但是，早上同时还要准备早餐和便当，所以必须在很短的时间内准备好晚餐。为了节省时间，我在家具摆放上面花了些心思。

　　在冰箱旁边放一个吧台，这样准备便当会更方便一点。有了吧台，往便当盒里装米饭和小菜等操作都可以在吧台上进行。每天经常使用的餐具就放在吧台上，不经常使用的放在离洗涤台有一定距离的收纳架里。

　　餐桌还可以当作操作台来使用，早餐和晚餐的准备都可以在餐桌上快速进行。解决了厨房问题，我的心情也好了很多。

由于房间里有垃圾窗，厨房里的家具位置很难确定。
为了出入阳台更加方便，垃圾窗要留出一半。

电饭锅放在冰箱旁边，做便当时更方便

1. 吧台的台面上放着水壶和电饭锅。每次泡咖啡、泡茶也是在这里。茶盒就放在吧台的上层，玻璃展示柜里放着经常使用的餐具和烹饪书。2. 黑色盒子里装着便当盒和紫菜盐这些小东西。3. 移动式架子上挂着的篮子里放着一次性筷子和吸管，架子上放着餐具干燥机。

平时不经常用的餐具放在离洗涤台比较远的位置

1. 我将从"CRASH GATA"买来的箱子当作餐具柜。我家的微波炉足足有48厘米宽，正好可以放在这个柜子上。2. 这个柜子有英文字母样式的抽屉，收纳时，按照英文字母进行分类，找起来更加方便。3. 我比较喜欢简约风，于是在隔板支柱上也贴了"怀旧铁路风"的贴纸。

厨房大约有 8 米²，因为格局
的关系，很难放宽架子，冰
箱的放置位置也是一大难题。

只需要给窗户的玻璃加上一层格子

我想尽可能地遮住带花纹的玻璃，就自制了一个边框，边框做成玻璃的大小，正好可以嵌进去。

拆下厨房原来的吊柜，再用木材的边角料贴在墙壁上，洗涤台同样贴上木材样式的家具翻新贴纸。

装上装饰用的假房梁立刻让厨房像咖啡厅一样

不想让天花板看起来这么单调，我配合吊灯的位置安装了假房梁作为装饰。

电灯的安装就交给有电工执照的先生

本来打算换一个新的荧光灯，又觉得光秃秃的灯架很单调，就用壁纸稍微装饰了一下，这个壁纸来自"壁纸屋本铺"。

瓷砖墙壁用壁纸装饰

1. 墙壁表面选用瓷砖样式的壁纸和木板装饰。厨房下端的边缘固定几个挂钩，用来挂平底锅等厨房用具。
2. 为了让厨房从客厅看起来更加时尚一些，在冰箱的侧面贴上从"Seria"买来的英文字母的贴纸。

吊柜的门扇因为变形每次打开都很费劲。
再加上充满昭和气息的瓷砖墙壁……
房龄 41 年的陈旧厨房，
使用感非常不好，
重新装修时选择将厨房改造成咖啡馆的风格。

　　现在的房子是 15 年前买的二手房。洗涤台前方是富有年代感的瓷砖墙壁，窗户玻璃也是带花纹的，还有很多有年代感的设计我都不是很满意，但是因为当时又要照顾小孩，又要工作，没有时间，就没有重新装修。现在，自己的两个女儿都自己出去住了，再加上受那些 DIY 博主的"安利"，我于是打算重新装修房子。

　　首先拆掉了门扇变形无法正常使用的吊柜，在原来的地方固定一层木板当作架子使用。电灯的走线就交给有电工资格证的先生帮我完成。陈旧的瓷砖用壁纸盖住，再给窗子玻璃加上一层格子，打造出了自然田园风，看起来顺眼多了！

　　为了增加收纳的空间，在墙壁上固定一个毛巾架，经常使用的做饭工具可以挂在上面。挂工具的位置离炉灶很近，还可以提高做饭的速度。

　　窗户上方架子上的瓶里装着平时爱喝的咖啡豆。经过我的一番改造，厨房变成了明亮又温馨的咖啡馆风。

客厅也顺便装修了一下，看着简洁时尚
的客厅，吃饭都变成了一种享受。

厨房从客厅可以一览无余，
客厅和厨房之间设计一个吧台，
可以起到一定的缓冲作用，
减少了移动距离，
更可以减少做饭时间。

　　厨房的装修中最立竿见影的就是吧台。我家的
厨房从客厅可以一览无余，而且一个大桌子横在厨
房中间，行动很不方便。

　　考虑到这些因素，我手工制作了一个吧台，既
可以用来收纳，还可以当作桌子使用，吧台的位置
正好挡住垃圾箱和微波炉，还能遮掩生活的凌乱感。
宽 170 厘米的吧台对我们夫妻二人来说用来吃饭绰
绰有余。

　　之前，餐具柜在桌子的对面，每次取餐具的时
候都要绕一大圈，现在直线距离就可以取到餐具。
在焕然一新的厨房里，每天早上先生为我泡的咖啡
都变得更美味了呢。

药品直接放在吧台，吃完饭后可以立马就喝

吧台的桌子上放着常备药、棉签和牙签等物品。吧台下面放着一个垃圾箱，东西用完之后顺手就可以扔进去，我觉得这个设计也很合理。

垃圾桶最好的位置在洗涤台旁边

垃圾箱我选择放在吧台左边离洗涤台比较近的位置。垃圾箱的设计也很巧妙，底部有一个脚踏板，直接用脚就可以打开。

瓷砖材质的配餐台表面，可以放一些很热的东西

设计吧台时，在下面留出了可以放配餐台的位置。配餐台底下装有滑轮，进出都很方便。

吧台下面配有餐台，微波炉和垃圾箱的位置都比吧台边缘靠后，这种设计人坐在吧台上时脚不会顶着柜子，坐起来也舒服一些。

调味料和常用食材放在从洗涤台一回头就能看到的位置

1. 冰箱的旁边放置一个开放式收纳架，从第一层开始分别放着电饭锅、咖啡机、面包机以及用袋子装好的干货。
2. 将餐具竖着放进马克杯里，马克杯放在配餐台上，这样取的时候会更方便一点。

不经常使用的餐具放在厨房的角落

1. 自制的餐具柜的上面几层放着经常使用的东西，为了每次方便取，上面几层没有装门扇。
2. 不经常使用的东西会放在下边的柜子里，内部隔层的大小根据里面放的东西确定。白色的盒子和编织的篮子用来放干货。

5 年前买了这个三室一厅的公寓。我很喜欢咖啡，一直想把厨房装修成咖啡馆的风格。

ouchi café

西原芽久美太太的厨房

合理的**厨房配置**
使人忍不住想走进厨房

kitchen

厨房可以用来收纳的地方只有洗涤台的下方，
巧用死角区域，
例如横梁和推拉门，
将这些地方用来放置厨房工具，
做饭速度会有明显的提升！

我家的厨房只有收纳台下面能放点东西，之前都是把餐具和做饭工具一股脑地全部放进洗涤台下方的柜子里。我喜欢收藏一个作家的作品，容器和马克杯之类的东西，这些收藏品也都放在洗涤台下面的柜子里，很快柜子就放不下了。无奈之下，选择将做饭和配餐的工具拿出来单独收纳。

我新开辟的收纳场所是家里的死角。炉灶旁边的墙壁上挂上横梁，平底锅之类的东西可以挂在上面。筐子和箱子挂在卫生间推拉门的门框上。吧台上方专门制作了一个悬挂吊柜用来放置咖啡用具，这样的设计还可以当作一种室内装饰，让客厅看起来更加时尚。

这是我情急之下想到的收纳方法，竟然比我想象的方便很多。站着不动伸手就可以拿到做饭工具，还缩短了做饭的时间。更重要的是，有充足的空间放我收藏的那些喜欢的作家的作品。改造后的厨房更具有时尚感，是我喜欢的风格。

洗涤台的对面是通向洗手间的推拉门。厨房里没有地方放大型家具，于是手工制作了一个大小合适的收纳柜。

每餐都要用到的工具放在炉灶附近

1.固定在墙上的置物架来自大阪的"BUFF STOCK YARD"，上面挂着平时经常使用的平底锅。2.打泡器、计量勺和打扫用的喷壶等直接可以挂在炉灶前面的墙壁上。边框来自大阪的"RACONTER"。沥水网也用钩子挂在上面，取的时候很方便。3.放毛巾的篮子一般放在抽油烟机的上面。

这个 DIY 的设计我很喜欢

1. 买来板材和置物架，手工组装成毛巾架，板材背面安装几颗磁石，就可以将毛巾架固定在冰箱上。2. 推拉门的门框上固定一个相框，平时用来放零食和手巾的篮子可以挂在上面。3. 两个木制边框顶端固定在墙上，用一块 SPF 板材连接两个边框的底端。这样的"特等座"当然属于我最喜欢的咖啡啦。

我家女儿特别乖，自己每天用的便当盒和水壶都是
自己洗，比我洗得都仔细，这一点让我很省心。

　　我家的 2 个孩子每天都会帮我做家务。七岁的哥哥炒
菜最拿手，五岁的妹妹负责洗碗。每次饭后都会抢着洗碗，
所以餐具都放在他们可以够到的地方。洗涤台对面的收纳
柜高 95 厘米，这个高度对于孩子们正合适。厨房里常备
一个小凳子，给孩子们垫脚用，孩子们每次想要取冰箱里
层的东西时也能用上。给客人用的茶具等就放在洗涤台旁
边收纳箱的上面。对于女儿来说这个高度顺手就能拿到，
每次有客人来了，女儿都会一边说着"请"，一边把茶具
端上来。这种设计还有利于帮助培养孩子们的良好习惯，
对于我来说是一个理想的厨房。

女儿经常会帮我做家务，
专门给她用的用具
集中在一个收纳柜里，
放在女儿可以够到的地方。

为了增加收纳空间，专门新做了柜子，现在这个柜子被我当作操作台使用，可以在这里泡茶、装盘。

这个手工制作的收纳柜专门用来装零食和餐具

1. 固定在墙壁上的架子上放着盘子和马克杯，专门给孩子们的朋友来家里做客时用。2. 从"无印良品"买来的塑料盒里装着孩子们的餐具，盒子放在收纳架的最上面一层。3. 这个抽屉用 SPF 板做成，正前方的那块板子高出抽屉一截。抽屉里面放着一个黄麻质盒子，用来放那些五颜六色包装的零食。

吧台的最上面加一层木板，这样还可以当作桌子使用

1. 吧台是大理石材质，在表面加一点装饰的话，就可以防止过于单调。于是，我在吧台表面加了一层 3.5 毫米厚的木板。2. 加上一块木板之后，吧台比原来更宽了一些，孩子可以在吧台上吃点零食，离桌子很近，配餐也很方便。

喜欢的餐具放在洗涤台旁边显眼的位置

给朋友发送的木箱的底部装上支架，箱子里面放着最喜欢的小碟子和盘子。我最近尤其喜欢一个"信乐烧"作家"inahoya"的作品。支架的下面放着收纳杂志的箱子。

chapter
一

MY FAVORITE
KITCHEN

冰箱、水池柜、
操作台内部大揭秘

教给大家收纳技巧，
让厨房里里外外都"美如画"

厨房中一些看不见的地方都是什么样的呢？每位太太都公开了自己的冰箱内部。可以通过各种收纳、分类的方法，使冰箱内部看起来赏心悦目。好看的同时，保证东西正常进出冰箱也很重要。

Before

彩色的包装太多了会给人一种不太好整理的印象……

满满的
生活感……

之前没有考虑冰箱内部的收纳，买来冰箱之后就按照原来的结构将东西随意摆放。但是，每次都会找不到东西放在哪……

「冰 箱」

为了让冰箱看起来不那么凌乱，
将使用时间很长的调料装到外观统一的盒子里，
用得比较快的食品类放在盒子里，
打造出整齐划一的感觉。

P30~ 川畑舞太太家冰箱的数据

高 180 厘米
深 70 厘米
宽 60 厘米

After

冰箱中放入盒子和各种容器重新整理了之后，
内部变得一目了然！

现在厨房用的是"三菱电器"的冰箱，
型号为"MR-B42X"，容量为 420 升，
大小适合 4 个人的家庭，里面塞得满
满的。但是由于内部很凌乱，一直觉
得冰箱不太好用。

**只遮住筐子的正面就可以看不
见里面装的东西**

将"Kitchen Kitchen"的纸袋放在
筐子的正面。这个筐子里左侧放挂
面之类的面类，右侧放零食。

**将一些小的瓶瓶罐罐集中放在
一个盒子里**

将五颜六色的小瓶子放在这个盒子
里，可以有效地减少冰箱内部空间
的占有率。

使用透明容器可以直接看见余量

面粉和淀粉可以放在这样的透明容
器里，可以直接看见余量。用标签代
替包装纸，可以看见容器内部。

即使从客厅看
见冰箱内部也
不尴尬

空间大小和物品数量都没变，只是用盒子和各种容器进行分类，看起来整齐了很多！取东西也更方便
了，一箭双雕！

冷藏室

早餐、零食、便当，

按照不同的种类放在不同的盒子里，

找食材的时候很省事，

如果有需要可以把整个盒子都拿到洗涤台上，

这样也节省了做饭的时间。

P66~ 森本友美太太家冰箱的
内部情况

高 80 厘米
深 67 厘米
宽 68 厘米

**将制作便当要用的食材都做好分类，
早上就可以迅速准备**

1. 鸡蛋和味噌之类的配料，直接放在外面。

2. 制作便当的食材放在一个盒子里。同一个盒子里面还放着爱犬的小零食。

3. 为了让孩子们也可以拿到，零食一般放在比较低的第三层。

4. 鲜肉和海鲜等生鲜类装进盒子里放进冷冻室。

冰箱的下面几层方便取东西，这几层就放着经常要用的东西。小菜一周就会重新做一次。

把使用频率高的东西放在容易拿到的中下方区域。每周准备一次料理食材。

P14~ 敦见治奈太太家冰箱的
内部情况

高 70 厘米
深 51 厘米
宽 58 厘米

**调料中粉状的居多，
根据不同的种类放进不同的瓶子里**

1. 像咖啡、酒和面粉等偶尔会用到的东西放在上层。

2. 味噌和黑色托盘里的肉类，这些经常要用的东西就放在这里。

3. 每餐都要使用的调料集中放在一个盒子里，盒子上面的架子上放着做好的小菜。

4. 抽屉里放着芝士和火腿等，这些东西要先放进罐子里。

P62~ 敏森裕子太太家冰箱的
内部情况

高 77 厘米
深 53 厘米
宽 55 厘米

我准备的密封盒都很浅，这样可以放很多种小菜

1. 啤酒、烧酒和腌菜等保质期比较长的东西放在这一层。
2. 每天餐桌上必有的小菜放在这里。
3. 最显眼的位置摆放着吃剩下的小菜和喝到一半的饮料。
4. 抽屉左边的半透明容器里放着培根和芝士之类的东西。

放常备小菜的容器会放上下两层，冰箱隔板的高度根据容器的大小进行调节。第三层专门用来放干货和制作点心的材料，所以隔板的高度最高。

每天都会去买菜，基本上买的菜当天都能吃完，所以几乎不需要有库存。

P26~ 根来知穗美太太家冰箱的
内部情况

高 74 厘米
深 48 厘米
宽 50 厘米

食材都尽量当天吃完，不会占冰箱的空间
黑色容器主要用来装小菜

1. 第一层放着番茄罐头和味噌，剩下的空间用来放没吃完的小菜。
2. 第二层放着肉丸子和纳豆，搪瓷碗里放着鸡蛋。
3. 第三层放着孩子们喝的果汁，隔板的高度根据容器高度调节。
4. 密封袋里放着吃剩下的点心，黑色容器里装着常备菜。

冷藏室

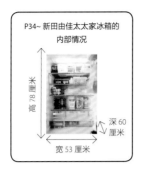

P34~ 新田由佳太太家冰箱的
内部情况

高78厘米

深60
厘米

宽53厘米

制作干货和点心的材料也放进冷藏室保存

1. 这一层放着制作点心的材料等经常会用的东西。
2. 这一层专门用来放保质期比较长的调料、酸奶和佃煮。
3. 左边放着鸡蛋，右边有时会放一些食品。
4. 这一层放着未用完的材料和每天都要用到的海鲜干货。
5. 收纳盒里装着法国香肠和鱼饼之类的熟食。
6. 抽屉里放着肉类、鱼类等生鲜食品。

半成品和吃剩下的小菜分类冷
冻，冷藏室里主要放生鲜食品和
调味品。我们夫妻俩都要工作，
所以材料中半成品比较多。

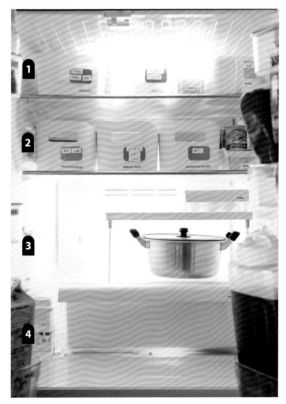

制作的小菜种类很多，所以材料也很多。
自己吃的零食，为了不让儿子发现，藏在
最上层。

P6~ 江原南太太家冰箱的
内部情况

高72厘米

深56
厘米

宽62厘米

食材集中放在上层，下层留出位置放锅

1. 已经开封了的粉类、儿子的零食、黄油、味噌等都放在盒
子里。
2. 纳豆、豆腐、面包、梅干之类的制作早餐用的材料都放
在这一层。
3. 这一层一般都会放鸡蛋，有时也会放没吃完的菜，连锅一
起放进冰箱。
4. 抽屉里放着肉类、鱼类等生鲜食品。

冰箱门

主要放软瓶、调料、饮料类，
因为收纳空间有限，
推荐大家把调料等都装进小容器里，
这样可以放很多种类，比较节省空间。

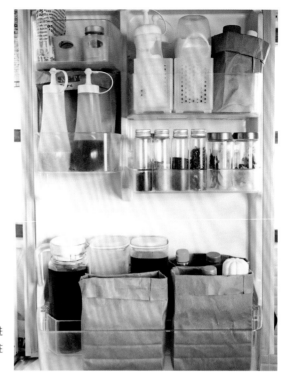

想要遮住花哨的包装，只需要一个纸袋

用得很快的调料，换瓶子太麻烦，直接放进
纸袋里就可以遮住各种颜色的包装。纸袋脏
了就换一个，非常省事。

**调料统一放在一个有提手的篮子里，
用的时候将整个篮子提出来就可以**

我个人习惯将所有的调料都放进冰箱。每次用
的时候将篮子提出来就很方便。篮子里装着淀
粉之类的东西。经常使用的番茄酱等放在冰箱
门的最下面一层。（P14~ 敦见治奈太太）

有机饮料可以让冰箱看起来简洁

经常使用的调料放在目光平视可以看见的高度
最方便拿取。橙汁、醋、白酱油装进收纳瓶。
有机饮料的包装一般都很时尚。

冷冻室

这里多用来放一些长期保存的食材。
冷冻室都是抽屉，如果将东西叠着放，很难取出来，
时间长了就会忘记里面放了什么东西，
将收纳盒竖着放才是正确的选择！

用来做便当的米饭，一个盒子里装一餐的量，每次做便当的时候会节省很多时间

煮米饭时一次性煮好几顿的米饭，把米饭分装到小盒子里，一个盒子装一餐的量。从"iwaki"买来的玻璃容器，很适合用来装米饭，解冻之后米饭会变得软糯。这种玻璃盒没办法竖着放，就放在上层比较浅的抽屉里。（P62~ 敏森裕子太太）

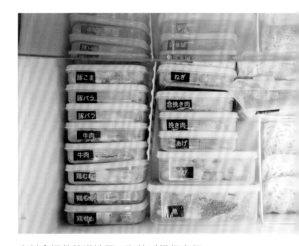

密封盒摞着放进抽屉，取的时候很方便

这些食材一周买一次，买来后放到冷冻室保存。肉类、鱼类、金针菇、葱之类的都放入密封盒，将这些密封盒竖着放进抽屉。芝士、面包等用密封袋收纳。（P62~ 敏森裕子太太）

肉类和腌菜等，用密封袋分开收纳

这些东西基本上都是制作便当的食材。冷冻食品和没吃完的腌菜按照种类分别放进密封袋里收纳。这样收纳更加紧凑，可以充分利用空间。

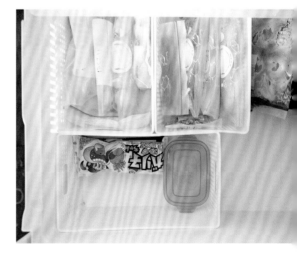

用盒子进行收纳还可以有效防止东西掉落

我家冰箱的冷冻室有上下两层。下层主要放着蔬菜等冷冻食品，用密封袋密封好再放入冷冻室，一定要竖着放。半成品的小菜装进收纳盒里放在冷冻室的上层。

蔬菜室

和冷冻室一样，

蔬菜室里最好也竖着放收纳盒，

根菜类、叶菜类按照不同的种类，

用袋子和盒子进行分类。

盒子和袋子都是透明的，

看一眼就知道里面是什么东西。

用小隔板对蔬菜类进行细致划分

上面一层放着比较小型的蔬菜。因为买的蔬菜种类很多，就用隔板分出很多个小格。下面一层放着大米和黄瓜之类可以竖着放进去的东西。（P6~ 江原南太太）

使用袋子和盒子还可以防止蔬菜上的泥土散落

因为还要做小菜，蔬菜都是周末提前买好。布袋子用来放比较大一点的蔬菜，白色袋子用来放小一点的蔬菜。袋子和盒子竖着放还有一个好处就是，从上往下看可以一眼就确认蔬菜的库存。（P30~ 川畑舞太太）

每天使用的蔬菜的量有所不同，
所以不需要加隔板

蔬菜最重要的就是新鲜。买菜的时候只买 2~3 天的量。绿叶菜竖着放在下面一层，可以直接食用的蔬菜放在上面一层。为了防止长虫，面粉也要放进冷藏室。（P34~ 新田由佳太太）

洗涤台下面

洗涤台下的高度和宽度有限，
用箱子和盒子代替架子，
可以充分利用这些空间。

拆掉抽屉，用"无印良品"的盒子和箱子收纳，更加节省空间

1. 柜门上挂着的盒子里放着经常使用的密封袋和塑料袋，竖着放更加容易取。2. 半透明的盒子里放着海绵和药品。包装十分鲜艳的厨房用漂白剂、酒精喷壶之类的清洁工具放在"无印良品"的文件盒里，遮掩住生活的杂乱感。3. 从左到右分别是垃圾袋、橡皮圈和牙签，这些零碎的消耗品都进行了细致的分类。不锈钢筐中装着密封盒。盖子放在另外的地方，这样盒子就能叠起来放，节省空间。

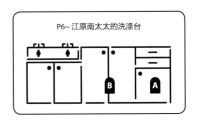

P6~ 江原南太太的洗涤台

为了更加紧凑地收纳大小不同的物品，自己手工制作了竹制的收纳盒

1. 食用油和调味品的最佳位置就是洗涤台的下面。上层放着不怎么使用的水壶。篮子里放的是小的密封盒。2. 平底锅和方平底盘之类的竖着放拿取更方便。右下角的木箱里放着漂白剂等清洁工具。木盒的小隔间里放着垃圾袋。3. 左下角的收纳盒里是宴会用具，右下角的收纳盒里是便当盒。上层放着保鲜膜之类的长方形物品。最上层的收纳盒里放着制作便当的小工具，同样进行了细致分类。

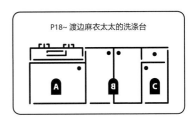

P18~ 渡边麻衣太太的洗涤台

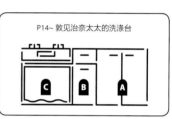

不经常使用的做饭和清洁的工具用文件盒收纳

1. 黑色盒子是专门用来装空瓶和可回收垃圾的垃圾箱。木箱里放的是搅拌机和秤之类的工具，不经常使用的东西集中放在水槽下面。2. 上层放着用来做蛋卷的小平底锅。下层放着厨房用纸和洗涤剂。3. 平底锅都放在炉灶的下方，有需要的时候立马就能拿出来，非常方便。4. 迷你平底锅、炸锅、食用油等放在收纳盒里，盖子和锅身放在一起。

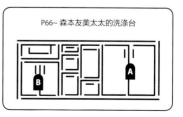

P14~ 敦见治奈太太的洗涤台

按照洗涤台下方空间的大小，手工改装抽屉

1.将闲置家具的抽屉取出来，在正前方贴上一块木板再加上把手，就可以再次使用。在改装后的抽屉里装上锅、水壶和秤，用的时候把抽屉拉出来即可。左侧的文件盒里竖着放了平底锅，用的时候顺手就能拿出来。2. 炉灶的下方是闲置物品的放置场所。抽屉里放着各种调料瓶。左边的箱子里放着奶酪制品和制作章鱼烧的锅，这些都是使用频率比较低的工具。

P66~ 森本友美太太的洗涤台

洗涤台下面

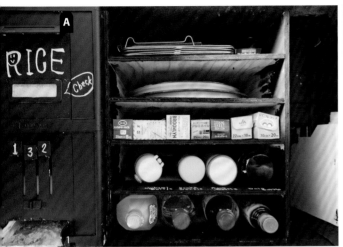

用涂料将箱子表面涂黑，打造出黑板风
摆放东西的位置都做好标记

1. 水槽下方用来收纳的柜子，根据水槽下方空间的大小定做。从上到下分别是方平底盘、托盘、保鲜膜、保温杯、调料瓶。为了和柜子一致，左边的米缸也用涂料涂黑。2. 炉灶下方的空间用来放各种平底锅。从"NITORI"买来的锅架可以竖着放，非常实用。使用频率很低的炸锅和压力锅，摆起来放在左侧。柜子底部放的麻袋还可以有效防止这些厨房工具磨损。

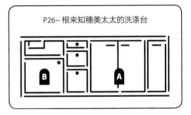

P26~ 根来知穗美太太的洗涤台

为了让洗涤台看起来干净整洁，
汤勺和夹具放在洗涤台的下面

1. 案板和做饭的工具如果直接摆在外面会显得杂乱无章，所以这些工具会放在洗涤台下面的一个固定的位置。洗涤台最里面放一个装苹果的箱子当作收纳架使用，用来放一些大一点的碗和锅类。2. 炉灶下方用细棍和布料分隔出前后两个空间。前面的盒子里放着酱油、料酒、食用油等调味品，以及报纸和垃圾袋等物品，后面放着的是平时不会使用的应急饮用水。

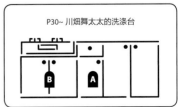

P30~ 川畑舞太太的洗涤台

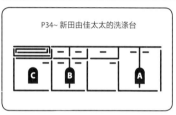

洗涤台下方比较潮湿，不适合放太多东西，80% 左右正好

1. 使用"NITORI"的白色文件盒，可以打造出一个明亮整洁的空间。盒子里面分别放着洗涤剂、食品加工机、簸箕和锅盖等物品。铁架上的木盒里放着抹布。白色盒子里装的是餐具专用洗涤剂的空瓶。2. 为了更方便取里面的东西，在操作台的下方设计了一个抽屉，抽屉里面放着便当盒和密封盒等密封的容器。3. 炉灶下方放着调味品、食用油和平底锅等物品。

P34~ 新田由佳太太的洗涤台

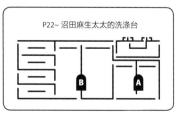

经常使用的调味品和工具放在最前面

1. 黄色的盒子里放着"BRUNO"的不粘锅。因为洗涤台上没有放调料的地方，所以每天都要使用的盐和糖放在洗涤台下方的固定位置。食用油的里面放着料酒类和不经常使用的火锅。2. 上下两层架子的最前面放着经常使用的锅类。平底锅类放在"CAINZ"的收纳盒里。先生的圆柱深底锅和铁质的平底锅基本不会用，就把它们放在最里面的位置。

P22~ 沼田麻生太太的洗涤台

「 抽 屉 」

无论是洗涤台还是餐具柜，
使用频率较高的东西，
最好放在比自己腰部稍微高出
一点的位置，
这个高度最方便拿取。

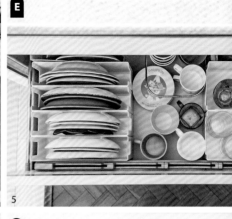

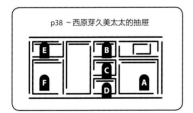

p38 ～西原芽久美太太的抽屉

洗涤台的下面也可以用来收纳餐具，
用盒子进行收纳，取的时候比较省事

1. 炉灶下面有一个深 20 厘米的抽屉。抽屉分为两层，上面一层放着经常使用的密封盒、便当盒以及调味品，下面一层放着不经常使用的纸杯和野餐会用到的物品。2. 这一层放着餐具，在抽屉的底部垫一层黑色的纸，将精致的筷子支架整齐地摆放在抽屉里，每次打开都令人赏心悦目。3. 炉灶旁边的抽屉专门用来放食用油。为了防止不小心弄脏抽屉，在抽屉底部垫了一层塑料包装纸。每瓶油之间有一定的间隙，这样更容易拿出来。4. 烘焙纸和锡纸的盒子用素色的贴纸包装，这样可以遮住包装盒夸张的颜色。5. 我家没有地方摆放餐具柜，餐具都放在水槽下面比较大的抽屉里。大盘子竖着放在"CAINZ"的收纳盒里，还可以防止盘子放不稳等情况。6. 碗和小碟子放在下层的抽屉里。根据每种餐具不同的形状可以选择平着放或者立着放。这样一来，喜欢帮忙做家务的孩子们取餐具时也比较容易。

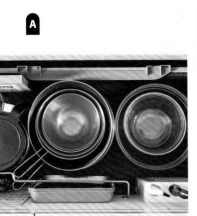

抽屉里垫一层木板，可以让整装厨房不那么单调

1.因为要制作常备菜和点心，所以家里的碗盆会比较多。2.厨房装修比较简单，在抽屉里面加上一层木板可以减少厨房的单调感。各种液体调料装在"Bormioli Rocco"的收纳瓶中，这种带把手的收纳瓶，大概一个手掌大小，最适合用来放料酒、酱油、甜酒之类的调料。3.制作味噌汤专用的"DANSK"，制作烩菜专用的"STAUB"，像这类经常使用的锅，放在抽屉里尽量不要过于紧凑，留出一点空间，取的时候比较方便。

P62 ～敏森裕子太太的抽屉

餐具柜抽屉里东西的位置按使用频率来定

1.餐具柜放在洗涤台对面，转个身就能取里面的东西，主要放着制作便当的器具。虽然零碎的东西很多，但是将不同种类的东西细致分类后，一眼就知道东西的位置。为了让抽屉内部更加好看，我在抽屉底部铺上了一层好看的防滑贴纸。2.第二层放着塑封袋和出去玩时用的一次性容器。这个抽屉足够深，烹饪书放在这里也没问题。

P14 ～敦见治奈太太的抽屉

抽 屉

P26 ~ 根来知穗美太太的抽屉
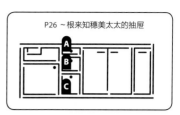

P6 ~ 江原南太太的抽屉
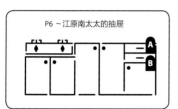

洗涤台下面的抽屉比较深，竖着放收纳盒能更加充分地利用空间

1. 洗涤台的第一层抽屉使用起来最为方便，我一般会用来放餐具。用来分类的盒子是从百元店买来的塑料盒。每个塑料盒放餐具的个数不能太多，否则看起来会非常凌乱。

2. 夹子和擀面杖之类的偶尔使用的工具也要一个一个单独装在不同的收纳盒里。收纳盒来自"Natural Kitchen"。零食袋小夹子之类的比较小的物件放在比较小的盒子里，同样也是不同种类分开放。这样这些小的物件才不容易丢失。

洗涤台下方的抽屉按照使用频率的高低收纳物品

1. 茶叶包和咖啡奶精等饮料的配料都放在木箱里面。

2. 制作便当的小工具、小铝杯和橡皮筋之类的比较零碎的东西的收纳秘诀就是用小隔板将抽屉里的区域分成小块，不同的东西放进不同的格子里。盐和胡椒等小瓶如果竖着放会很难区分，就把它们横着放在隔间里。

3. 储物盒、大碗以及海绵之类的东西不经常使用，一般会放在抽屉的最下面一层。

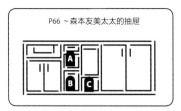

P66 ~森本友美太太的抽屉

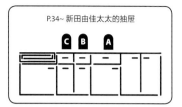

P.34~ 新田由佳太太的抽屉

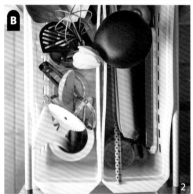

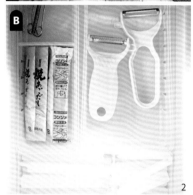

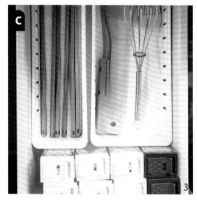

在比较深的抽屉里，收纳盒最好竖着放

1. 饭团模具、木夹子、手工拨片和橡皮筋这四样东西分开收纳。孩子们很喜欢吃饭团，我会经常做给他们吃，这些东西放在最上面一层的抽屉里，拿的时候比较方便。2. 做饭的工具横着放进抽屉里拿的时候很麻烦，竖着放更容易找也比较好拿。3. 抽屉足足有 34 厘米深，这个深度足够竖着放下沥水网、尼龙袋和垃圾袋等。

使用统一样式的盒子进行收纳，看起来更加整洁

1. 这一层放着切片机、保鲜膜、锡纸和做饭团用的小工具等物品。**2. 这一层放着**削皮器、高汤粉以及用来封口的夹子。 3. 操作台下的抽屉里放着每次做饭都要用到的调味品，需要的时候伸手就能拿到。调料都装进透明收纳容器里，可以直观地看到里面放的东西，瓶子外面还可以贴上标签。

吧台内部的餐具柜

经常使用的餐具和做饭工具，
放在站着就能拿到的位置最佳，
还可以根据使用频率来确定摆放的位置。

吧台下面的柜子里放着餐具和保存容器，让配菜和打包更加方便

1. 这里集中放着经常使用的餐具和汤碗等。吃素面时要用到的竹篓和很少用
的竹制便当盒也放在这里。我想让这个柜子看起来像杂货店的展示柜一样，
所以故意不使用盒子，直接将东西整齐地摆放在架子上。2. 第二层放着的保
鲜盒来自"iwaki"和"野田珐琅"。3. 平时用的餐具都放在吧台台面上，来
客太多餐具不够用的时候就会用这里的餐具。给工具都做好分类，就不会有
手忙脚乱的时候。4. 为了能在吧台直接装便当，便当盒就放在吧台下面。食
品用的保鲜膜和锡纸都是在"mon-o-tone"里挑选的最简单的款式。

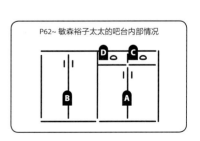

上层的柜子里放着平时经常使用的物品，
配餐台下面放着不经常使用的和用来招待客人的东西

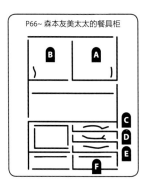

P66~ 森本友美太太的餐具柜

1. 取东西比较方便的中层和下层放着每天都要用的饭碗和汤碗。上层的位置手很难够到，因此放在上层的盘子都放在篮子里，用的时候直接将整个篮子都取出来。2. 这一层放着招待客人用的茶具和马克杯。3. 收集自己喜欢的小碟子可以成为一道别致的风景。筷子托、手巾、用来装盘的金属制盘子放在一个盒子里。4. 吃面包用的盘子和蘸料碟、小圆碟、装水果用的碟子等经常使用的器具放在最容易拿到的位置。我7岁的小儿子想用的时候也可以自己取。5. 有时候也会做一些硬菜，大号的盘子也必不可少。6. 使用频率低的餐具放在最下面的抽屉里。这些硅质的餐具，即使相互碰撞也不会发出声音。

［吊 柜］

吊柜里放东西不方便拿取，
所以一般只会放不经常使用的东西，
为了拿取更加方便，
用筐子或者盒子进行分类收纳。

吊柜里放着偶尔才会用到的东西。贴上标签就可以一目了然。

偶尔才会用一次的电炉等小电器和便当盒都放在盒子里面。
盒子外面贴着木材样式的贴纸，为了分辨里面放的东西还在上面贴了标签。

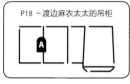

彩色的保温杯和便当盒放在盒子里，遮住花哨的外观。

左边的盒子里放着孩子们的保温杯，中间的盒子里放着制作糕点用的工具。一次性筷子、便当盒和纸杯等野餐时用的器具就放在最右边的盒子里。

可以手提的麻袋有一个优势就是透气性非常好。

上层放着刨冰器和电磁炉之类的特定季节才会经常使用的东西。
下层的袋子里分别放着制作糕点的工具和纸杯，由于这些东西不经常使用，用这种透气性比较好的麻袋装最合适。

在简易的盒子上加上把手就可以当作抽屉使用。

先生是糕点师，在家偶尔也会做做糕点，制作糕点的工具就放在吊柜上面。烤制点心的模具、包装的工具、孩子们的零食等和点心相关的东西也都放在这里。

chapter

一

03

MY FAVORITE
KITCHEN

选择私人定制，
让厨房更适合自己
整装厨房和创意厨房

所有物品都摆放整齐，活动起来非常方便，
装修风格也时尚。
即使是按照需求定制的厨房，
也需要随着生活条件和装潢的变化进行调整。
下面给大家介绍三款按照自己的需求定制的厨房。

结婚后就在先生家自己的土地上建了房子。墙壁选用了漆面墙，地板选用了素色的杉木，并且用了很多自然元素装点厨房。

敏森裕子太太的厨房

日式传统食器搭配
怀旧风

kitchen

我选择的是木质基调的整装厨房，
木质家具以及漆面墙，
日式风格的厨房与文艺风餐具、碗橱相得益彰

1. 毛巾集中放在一个筐子里。筐子的外观也是精心挑选的，选择浅色的方格花纹最合适。

2. 平时使用的杯子整齐地排列在后面吧台旁边的壁橱上。这个壁橱是按照杯子的大小定制的。

3. 日式茶馆风格的餐具柜带有抽屉。抽屉里放着筷子托，按照种类不同分开收纳，这样只需要看一眼就能挑选出自己需要的。

家具按照和式风格定制

抽油烟机同样设计成木质外观

1. 抽油烟机原本的颜色是银色的，为了和其他家具统一，在表面贴上了木纹贴纸。2. 将竹篓当作沥水篮使用。洗过的餐具立刻用毛巾擦拭，再放进篮子晾干，可以有效防止发霉。

请公公帮我做了一个移动柜子，专门用来放根菜类和布制品。为了不占地方，将柜子设计成宽只有 35 厘米的细长型。

6 年前，在房子刚建好的时候，我特别喜欢自然风的装修。所以，整装厨房里各种柜子的门扇也都是配合木材内装选用的木纹材料贴纸。公公是一个木工爱好者，我请他帮我制作了这个田园风的吧台。

但是，我在两年前开始喜欢和风的厨具，对装修的品位也发生了变化。于是决定改变厨房的风格，变成怀旧复古风。

为了将厨房改造成和式厨房的风格，在考虑和风餐具收纳方法的同时还将一部分用来装饰。

复古茶馆风格的餐具柜、壁橱都是请公公手工制作的，分别放在吧台前面以及洗涤台后面的墙壁上，里面摆着自己喜欢的餐具。吧台上面的盒子里用来放置做饭用的工具，这样马上就有了和式厨房的氛围。

自从改变了厨房装修风格后，做饭就一直以和式料理为主。每次做饭时心情都很好，也开始尝试各种新的料理。

kitchen DATA

洗涤台
"cheanup" "rakuena"

抽油烟机
"cheanup" "rakuena
平板式细长型抽油烟机"

后吧台
DIY

餐具就放在吧台上，这样从客厅取也很方便

1. 杯子按照颜色放进不同的托盘里，这样一下子就有了咖啡馆的氛围。无论在什么时候都可以给家人或客人送上一杯热茶。2. 平时经常使用的竹制餐具放在木质盒子里。3. 平时吃饭时会用到的酱油之类的调味品放在一个竹制的冰桶里，这个冰桶是我在拍卖会上发现的。

马上就好了哦~

孩子们做家务时用的垫脚台高度为 30 厘米。
孩子们在厕所刷牙时也用这个小凳子。

4 岁的女儿特别喜欢帮忙做家务，
做了垫脚台之后，
女儿可以够到操作台，
她的积极性更高了。

　　房子刚装修好就开始一点一点地调整，让厨房有了日系厨房的氛围，不仅改造了厨房的外观，在如何让操作更加方便这一方面也花了很多心思。孩子们都非常喜欢做家务，厨房收纳的重点之一就是让孩子们也能知道工具的位置。

　　每天都要用到的筷子和杯子放在吧台的固定位置，这样吃饭的时候就可以迅速将这些东西摆上桌。小盘子不够用的时候，女儿会帮我从吧台下面的餐具柜拿。吃饭时使用的调味品用带把手的冰桶收纳，使用的时候可以自由移动。

　　孩子们最喜欢做的就是洗菜、择菜、打鸡蛋这些家务。多亏了公公做的这个垫脚台，让孩子们也可以高高兴兴地帮我做家务。

**为了让女儿也能够到，
选择比较低的餐具柜放餐具**

餐具柜高 76 厘米，比吧台高度稍低一点。自从这个餐具柜摆在这里后，里面放的东西都没有变过。

久等了~

我 4 岁的女儿好奇心旺盛，特别喜欢做家务。每次跟她说"帮我拿一下这个"，她就会兴高采烈地来帮我。

1. 原来用来装孩子们的玩具的长椅，现在作为食材的临时储存场所。2. 里面收纳着瓶装水和罐装饮料。这个长椅可以坐人不仅特别结实，容量也很大。

谢谢宝贝们帮我，
奖励你们吃甜点。

餐桌和椅子也是公公亲手制作的。不仅木工做得好，连焊接都很专业。孩子们都很佩服爷爷！

以重新装修为契机，
将厨房改造成了一直想要的开放式布局，
我爱用的餐具柜也能放在厨房里了，
但是，后来又发现收纳场所不够用……

before

after ⌄

之前的厨房空间比较小，
只能放下一个很小的吧
台。现在将冰箱放在了
洗涤台旁边，取东西的
时候方便很多。

炉灶前面的墙壁是漆面墙，墙上
加了一个彩色玻璃的小窗。吧台
的木板边框是自己手工制作的。

森本友美太太的厨房

创意厨房
巧用 DIY
解决收纳问题
kitchen

两年前将父母家老房子旁边的仓库改造成了住房给自己住。改造之前的厨房和客厅之间有一个墙壁，从厨房看不见客厅，这一点我非常不满意。重新装修后将厨房改成了一直想要的开放式。为了能将结婚以来一直用着的餐具柜放进厨房，重新设计了厨房的布局。餐具柜的旁边还留出了部分空间放收纳柜，所以应该有足够的收纳空间。

没想到的是，开始安置东西之后，就发现家电和食品没有地方放。

为了解决收纳空间不足的问题，决定将原来专门为放置日常用品而做的壁橱当作餐具室使用。由于厨房后门基本不使用，就在门口放置了一个柜子，用来放置电饭锅、垃圾箱等物品。

另外，炉灶前面的墙壁和冰箱侧面等死角也可以用来收纳。

在设计厨房布局时也考虑到了活动是否方便等因素，所以现在的厨房不仅有良好的收纳能力，操作时需要的步骤也有所减少。虽然改造过程比想象中辛苦很多，但是我得到了一个完美的厨房，还是很值得的。

为了增加收纳空间，在厨房后门前面放置了一个手工制作的箱子。

1. 这个手工箱子里放着餐具柜里放不下的电饭锅和之前一直放在外面的垃圾箱。2. 从"JA"事务所买来的米袋结实又能装，非常实用。袋子表面贴着印有插画的纸，里面放着便当盒之类的东西。

炉灶旁边的墙壁以及洗涤台的侧面放置收纳柜，分别用来放调味品和清洁工具等物品。

1. 洗涤台侧面的木质边框上挂着毛巾和装着消毒水的喷壶。带拉链的袋子里放着打扫卫生时要用的海绵。2. 调味品就放在炉灶旁边的收纳柜里，不容易脏也是一个优点。

洗涤台的人工大理石表面打扫起来很方便，并且还有整洁感。

kitchen DATA

洗涤台
"WOODONE"的"su:iji"系列。

抽油烟机
"富士工业"的"premiere"系列抽油烟机

地板
"Sangetu"的弹性地板贴纸，型号"HM-2097"

通过重新装修，让厨房可以面对客厅，一边做饭一边和在客厅玩耍的孩子说话的这个梦想也能实现了。

**制作便当的工具用
盒子进行收纳**

冰箱旁边有一个餐
具室。用从"大创
DAISO"买来的带把手
的盒子，将便当盒、
罐头、高汤粉等按照
种类不同分别收纳。

每天早上要做 3 个人的便当，
还要准备早餐，
所以时间很紧，
调整了各种物品的摆放位置之后，
早上准备料理时更加顺利了。

便当的装盘在操作台进行

15 年前买来后一直用到现在的餐具柜，一直在操作台上装盘、泡咖啡。

每天都要用的东西放在和目光平齐的高度。

1. 用螺钉将篮子钉在墙上，用一根铁丝连接篮子两端，这样就制成了一个简易的厨房用纸支架。2. 在冰箱和餐具柜之间的间隙固定一块木板，在木板上用双面胶固定一个便签本。买东西的时候，可以在便签本上写上购物清单，防止自己少买东西。3. 将从海边捡来的流木固定在柜子上，上面可以挂上削皮器之类的小东西。我觉得这些流木很可爱，在家中各处都能看到它们的身影。

我每天早晨 5 点左右起床，我和先生都有工作，而且上班的时间不一样，家里的 3 个孩子也不在一起吃早饭，每天早上要做 3 个人的便当和 5 个人的早饭，非常忙。

所以为了节省早上的时间，确定各种工具的摆放位置时花了不少心思。制作便当的工具以及制作早餐要用到的材料，分门别类放进不同的盒子里，用的时候把整个盒子拿出来就好，省去了寻找的时间。早餐时使用的餐具放在餐具架上最好拿的位置。做饭时会用到的厨房用纸放在目光平视可以看到的高度，这样的话站着就可以拿到，比较节省时间。

经过这些调整，早上好像没有原来那么手忙脚乱了。节省下来的时间早上可以多睡一会，真是太好了！

贴上可爱贴纸的米袋专门用来放超市的塑料袋。袋子的开口比较大，随手一扔就能放进去。

就是这个充满温暖的木质厨房
才让我喜欢 "su:iji"

我家整体是咖啡馆的装修风格，

厨房选择的是 "su:iji" 系列，

和素色的地板风格一致，

越用越有韵味是木质家具的特性，

也是吸引我的一点。

增治优子

一个好的厨房最基本的条件就是，
身处厨房之中可以让人感到舒适。
可以满足这一点的是 "WOODONE" 的 "su:iji" 系列。
这一系列的厨房的装潢使用的全部是实木材料。
将这个系列推荐给我的是增治先生，
他是这个厨房系列的忠实粉丝。

配合厨房的风格制作了吊柜

1. 从厨房可以看见客厅的房间布局。从房间布局来看，餐桌和厨房是一条直线，无论是招待客人还是自己家平时吃饭，来回移动都非常方便。2. 像热气腾腾的咖啡一样，门扇玻璃上带有气泡的吊柜，是我一直想拥有的东西。3. 为了摆一些装饰品专门设计了展示柜，柜子的位置正好可以挡住厨房。

配合洗涤台的风格
制作了吧台

1. 吧台的门扇和洗涤台的颜色一致，选择了茶棕色。吧台上方的吊柜里放着招待客人用的餐具和制作点心的道具，吧台里放着平时自己经常用的餐具。
2. 为了能容纳两个人同时在厨房操作，洗涤台和吧台之间留了1米的距离。

我特别喜欢咖啡，于是决定自己建房子时，装修厨房的模板就是咖啡馆。

客厅的地板是跃层式的，吧台上面的吊柜是玻璃门扇。为了和木地板搭配，洗涤台我选择了 "WOODONE" 的 "su:iji" 系列。

实木的门扇触感很好，木头的香味闻起来也很舒服。轻轻一擦就能擦掉污垢，即使有一些磨损，也更能增加木质材料的韵味。吧台和洗涤台的表面是白色大理石，干净的材质会给人一种整洁感。这种浅色的大理石正适合搭配深色的木质材料，打理起来也非常省事。

在这个被温暖的木材包围的厨房里，原来一年也做不了几回的手工点心，现在几乎每个月都会做一次。

门扇选用的是新西兰松木。我最喜欢木材上宽度均匀的木纹。

大理石材质的台面，十分易于打理。

把手的材质可以挑选，我选择的是铁质的。

随着时间的变化，木材的颜色也会发生变化，这一点我非常喜欢。

什么是 su:iji？

su:iji 是从挑选木材到制造家具都自己严格把关的建材制造商"WOODONE"的一款原创厨房家具系列。门扇选用的是使用时间越久越有味道的实木木材。布局以及面板的素材、收纳空间等可以根据需求进行调整，根据不同的客户需求，为每一个客户定制一个专属的厨房。

WOODONE

http://www.woodone.co.jp

有了这个像咖啡馆一样的地方，其乐融融的家庭时间变多了

家人都很喜欢呆在这个舒适的客厅。周末的时候会和家人一起，咖啡配点心，享受悠闲的时光。

越用越喜欢的
厨房爱用物

即使每天很忙碌，有了顺手的道具也能使每天都有好好做饭的动力。

用着自己喜欢的东西，心情才会变好，才能体会到在厨房的快乐。

下面为大家介绍几个深受妈妈们青睐的厨房用品。

大家感受一下这些工具真正的优点，不仅仅是好用哦！

平底锅

具备炒、煮、炸等多种功能的平底锅，外观时尚，适合开放式收纳。

新田由佳 太太

「石垣产业」的平底煎锅

因为可以直接端上餐桌，即使简单的料理，看起来也像豪华大餐

这个平底锅既可以煎肉，又可以炒菜，对于都工作的我和先生来说，这个是最喜欢用的锅。一个平均只需要 800 日元（约 52 元人民币），还可以当作盘子使用，我给我和先生一人买了一个。

沼田麻生 太太

「CAINZ」的彩色平底煎锅

直径 19 厘米的平底锅最适合用来做点心

这个平底煎锅是搪瓷材质的，比较好打理，外形也很漂亮，最适合用来制作孩子们的点心和早餐爱吃的小面包，于是就一次性买了两个。

渡边麻衣 太太

网上购买的平底锅

即使用了 5 年，做菜也不容易粘锅，小小的平底锅先生最喜欢

平底锅是铁质的，所以多少会有点重量，每次使用之后做好清洗工作，做菜就不会粘锅，并且寿命比较长，可以用很久。锅柄外面有隔热套，不会烫手。

锅

喜欢用搪瓷锅的人才会知道，
锅用得了久了，
磨损都会变成一种韵味

**焖饭、煮汤、蒸菜，
一个锅就可以搞定，
非常方便**

这个锅我每天都在用，有时会用来煮菜，有时会用来做汤，虽然直径只有 20 厘米，但我们家每次的菜量都不多，所以对我们来说刚刚好。这个清爽的蓝色也很符合我们家的厨房风格。

井上美落太太

「Le Creuset」的珐琅铸铁锅

**好用是第一位，
价格也非常合理**

这个和"野田珐琅"共同开发的锅买来之后的 10 年间，基本上每天都在使用。虽然锅体是白色的，每天都要清洗，但是多了几处磨损更有韵味。

西原芽久美太太

「BRICO」陶瓷锅

这个锅还可以用来炒肉，当作平底锅使用也没问题

用来炒肉也不容易粘锅，平时也经常用来炒菜。外观也讨人喜欢，特别是两个把手。大阪的杂货店"DoubleDay"里花 8000 日元（约 520 元人民币）即可购买。

敦见治奈太太

「长谷园」的土锅

做饭工具

煮饭时比较注重淘米工具和盛饭
容器的人，
多数在选择做饭道具时，
比起外观，会更重视使用感

敏森裕子太太

「Fissler」的压力锅和
「漆喱管理总店」的盛饭桶

**20分钟就可以煮好，
可以大大缩短做饭
时间**

电饭锅坏了之后，尝试
换了这个压力锅，没想
到这个锅煮饭这么快，
煮出来的饭还很香。木
质的盛饭桶既可以保温
还可以保湿，即使放的
时间很长，米饭也不
会硬。

**用温和的方式淘米，
淘出来的米口感非常
软糯**

山梨县富士河口湖町的
传统工艺——"竹工艺
品铃"制作的淘米筐。
竹子软硬适中，比较好
拿，还有一定的深度，
淘米的时候不容易漏出
来。经常用这个筐淘米，
和淘米器一样好用。

敏森裕子太太

「Design shop」的竹筐

江原南太太

「无印良品」的长柄计量勺

**不仅是计量勺，还可以当
作搅拌棒使用**

勺子的把很长，手拿比较容
易。用来取底部结块了的调料
时非常好用。还可以当作搅拌
勺，取了调料之后可以直接当
作搅拌勺，这一点也很实用。

川畑舞太太

「柳宗理」的大碗和手持过滤网

**超强沥水能力，
实用又好看**

用这个过滤网时，只需要甩一
下水就可以沥干净。外形也很
好看，洗完蔬菜之后，可以直
接当作沙拉盘端上餐桌。忙碌
的早晨特别省事。

食器和小道具

我最喜欢用的是万能大小的容器，
做什么样的菜都能用。
还有一些方便的小道具，
做便当时经常使用。

沼田麻生太太
「George'S」的盘子

这些卡通的插画最吸引我

这个盘子使用了我最喜欢的插画师的作品。再三挑选买下了这两个。平时用来装饰，只有偶尔来客人了才会拿出来用。

我家经常做大份菜，这个盘子再合适不过了

每天家人回家的时间都不一样，晚餐的菜就装到一个大盘子里放在冰箱中。这个时候就需要这种盘子。直径足足有21厘米，我一共买了5个，家里一人一个。

根来知穗美太太
「NITORI」的浅碟

森本友美太太
「Seria」和「大创DAISO」的便当模具

用这个模具制作的便当，孩子们很喜欢

我最小的儿子最喜欢便当。制作便当时，用模具把米饭做成小熊的形状，煎蛋做成小熊的鼻子，黄瓜用右下方的工具做出表情。右上的印章是做饭团时的必需品。

江原南太太
「SALUS」的蜂蜜瓶

出口非常细，不用担心"倒多了"

本来是用来装蜂蜜的容器，我尝试用它来装油，发现既不会漏出来，也好控制用量，而且一只手就能操作，非常方便。瓶身很小也是优点之一，不占地方。

咖啡用具

帮助我们快速简单地泡咖啡，
赏心悦目的外观，
是挑选咖啡用具的重点。

不用单独买滤纸，不仅省事还非常环保

我的朋友知道我喜欢喝咖啡，送给我这个杯子。不需要另外加滤纸，可以轻松泡好一杯咖啡，并且过滤的时间非常短，特别想喝咖啡的时候就会用。

花时间慢慢煮的咖啡，味道更美味

这种电动的咖啡壶不使用火，打开开关就可以自动泡咖啡。听见"咕噜咕噜"水开的声音，就知道咖啡快泡好了，看着咖啡慢慢泡好也是一件幸福的事。

井上美香太太
「Starbucks」的冲滤一体杯

新田由佳太太
「Twinbird」的咖啡机

川畑舞太太
「Russell Hobbs」的电壶

森本友美太太
咖啡厅买的咖啡研磨机和「KINTO」的咖啡滤杯

**烧水速度很快，
早上可以悠闲地享受咖啡时光**

因为喝咖啡经常需要烧水，我就买了一个咖啡专用的烧水壶。壶口非常细，可以慢慢注水，把手的设计也很方便实用。

听咖啡豆研磨的声音，闻着慢慢飘出来的咖啡香味让我觉得很舒服

这个咖啡研磨机是我在附近咖啡店买的，这种古典的风格我最喜欢。"KINTO"的咖啡滤杯不需要另外使用滤纸，既方便又环保。

清洁工具

让厨房保持干净的工具，
不仅需要清洁能力好，
环保也很重要。

敏森裕子太太

「Crecia」的厨房懒人抹布

**擦完桌子
还可以接着擦水槽，
一张纸可以重复使用，
非常环保**

这种纸使用过一次后，清洗后
可以反复使用。我每次都是先
擦完桌子再用同一张纸擦水
槽。每天只需要用一张即可，
一卷可以用一个月以上，经济
实惠。

新田由佳太太

「Seria」的扫帚

**这种有硬度的刷毛，
扫一下，
就可以去除灰尘**

每天早上都会用研磨机磨咖啡
豆，每次吧台上都会留下很多
咖啡粉，这些粉末可以用右侧
的迷你扫帚清扫。研磨机内外
分开清理，中间的扫帚用于清
理研磨机外侧，右边的扫帚用
于清理研磨机内部。

江原南太太

「日本硅华化学工业」
的清洁剂

**用这个清洁剂可以轻松去除
水垢以及锅渍**

膏状清洁剂，用海绵蘸取轻轻
一擦，水杯水槽立刻干干净净，
并且材质温和不伤手。

好的厨房配置使活动更加方便，
适合全家使用

对于一个好的厨房来说，最重要的当然是活动方便。

即使有高档的家电和先进的工具，

如果没有足够的空间，就无法百分之百发挥它们的作用。

下面为大家介绍 14 款厨房，希望可以给大家提供一些新点子。

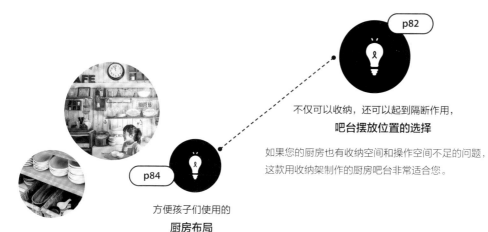

p82

不仅可以收纳，还可以起到隔断作用，
吧台摆放位置的选择

如果您的厨房也有收纳空间和操作空间不足的问题，
这款用收纳架制作的厨房吧台非常适合您。

p84

方便孩子们使用的
厨房布局

您是不是也遇到过孩子帮忙越帮越忙的情况。为了
避免这种尴尬，让我们来研究一下怎么设计厨房布
局才能方便孩子帮忙，让妈妈们放心。

p86

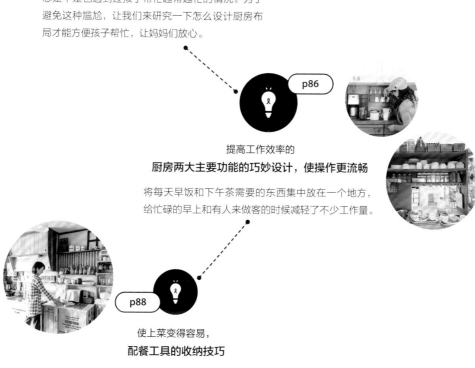

提高工作效率的
厨房两大主要功能的巧妙设计，使操作更流畅

将每天早饭和下午茶需要的东西集中放在一个地方，
给忙碌的早上和有人来做客的时候减轻了不少工作量。

p88

使上菜变得容易，
配餐工具的收纳技巧

刚做好的饭菜最好热气腾腾地端上餐桌。配餐
的工具放在显眼的位置，配餐的工作家里人也
可以帮忙。

p89

追求最佳位置，
垃圾箱的摆放位置也要追求极致

垃圾箱是厨房的必需品。选择自己喜欢的外观，
可以降低垃圾箱的存在感。最好的位置在洗涤
台附近。

不仅可以收纳，
还可以起到隔断作用，

吧台
摆放位置的选择

小技巧

面对墙壁的厨房容易产生凌乱的生活感，
比较推荐在洗涤台和餐桌之间
设置一个吧台，
用普通的柜子就可以手工制作一个吧台。

羽地壁太太家

吧台的可移动木板墙

窗框用铰链固定

柜子上面固定着的收纳架上，门扇的边框用铰链固定。这种固定方法比用木质钉子固定操作更加简单。

S 形的挂钩固定收纳盒

在手工制作的架子的两端分别固定一个三角铁，收纳柜的前板比柜体高出一段，收纳盒用两个 S 形的挂钩固定在前板上。

带滑轮的木板上固定两个柜子，背面固定一个宽 90 厘米、长 90 厘米的木板，用木质钉子进行固定。

这个吧台不仅可以掩盖凌乱的生活感，带滑轮的设计打扫起来也很方便

在制作这个吧台时，我住的还是没有隔间的开放式公寓。厨房完全暴露在外面，这一点我非常不满意，看着凌乱的厨房，舒舒服服地吃上一顿饭都不行，特别是有客人来的时候，让客人直接看见厨房也很尴尬，聊天的时候都提心吊胆的。

于是，我将家里的两个旧柜子并放在一起，侧面和上面用一块木板连接，这样就制成了一个简易吧台，可以帮我遮掩厨房中凌乱的生活感。面向餐厅的一侧使用木质材料装饰。在吧台上加上收纳架，增加吧台的高度，这样可以防止从客厅直接看见洗涤台。吧台下带着滑轮，打扫的时候非常方便，也是一个很大的优势。

放置了吧台之后，掩盖了洗涤台周围凌乱的生活感，也没有了做饭的时候被人看着的尴尬。并且，使用吧台可以面对着客厅泡茶，很有咖啡店的感觉。

吧台内侧用于咖啡用具的收纳

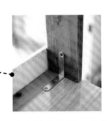

吧台的上方是一个"门"字形的架子，只需要在底端固定即可

用宽度为 9 厘米的木板制作成一个简单的架子，使用"L"形金属支架固定在吧台面上。用和木质材料颜色相近的金属材质固定，衔接的地方差别不会很明显。

在挂杆上悬挂窗帘，看起来整洁很多。窗帘下的柜子里满满地放着水壶、茶类和食材等物品。

制作一个吧台只需要用木板将两个柜子的前后左右都固定

在安装了滚轮的木板上放置两个柜子，侧面以及上方也固定一层木板。之后再用"L"形金属支架固定。最后在背面固定一块木板。

方便别人帮忙的吧台

吧台上固定的收纳柜里放着孩子们的杯子，放在吧台的上面正好可以遮住洗涤台。

吧台内侧放着孩子们帮忙时用的工具

吧台侧面贴着的胶合板上用锯子画出线，改造成木质材料的样式。里面放着托盘、茶具以及各种日用品。

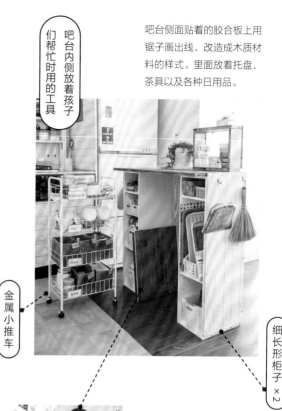

金属小推车

细长形柜子 ×2

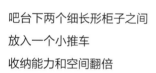

吧台下两个细长形柜子之间
放入一个小推车
收纳能力和空间翻倍

两年前刚搬进来的时候，对厨房十分不满意。空间十分有限的"L"形布局的厨房，不仅从客厅可以一览无余，收纳空间也十分有限。这时，我想到了一个方法，既可以遮住水槽，又可以增加收纳空间，就是用闲置的小推车和储物箱制作一个吧台。

用了两个细长形的储物柜，两个柜子之间正好可以放下小推车，柜子的顶端用一块木板相连，周围固定一圈胶合板。在小推车上加上一块木板，就可以当作简易操作台使用。

这样一来，以前只能容纳一个人的操作空间，通过这个吧台的打造，空间增加了近两倍。现在，当孩子说"让我来帮你吧"，我就会很高兴地回答他们"那就拜托了"，家务琐事带来的压力瞬间一扫而空。

在小推车上面放一块木板就可以变成操作台

小推车专用的木板，由一块木板加上"U"形底座制成。为了让木板放在小推车上面不会来回晃动，我也想了一些办法。平时不用的时候就放在吧台里面。

孩子们也可以帮忙

将小推车从吧台里推出来就变成了一个小吧台。我会把盛好的菜放在上面，让孩子们帮我端上桌。

方便孩子们使用的
厨房布局

小技巧

一共两个餐具柜，冰箱放在离洗涤台比较远的位置，
有人来帮忙时可以防止拥挤

　　我家的厨房面积为 13 米², 是封闭式厨房。全家 6 口人都在这里吃饭，厨房中间的桌子必不可少。之前，冰箱放在洗涤台旁边，餐具柜在对面，这样的布局会使行动不方便，做饭会很耗时间。

　　后来，我将冰箱放到了炉灶的背面，洗涤台的旁边也只放几个常用的盘子。小碟子、杯子等吃饭时会用到的餐具放在厨房入口位置的开放式收纳架上。这样一来，如果有孩子来帮我拿冰箱里的东西或者帮我端菜，也不会撞上在一旁做饭的我，做饭过程变得更加顺畅。

本来狭小的厨房就很容易乱，
别人来帮忙只会越帮越忙。
只需改变操作台上各种物品的摆放位置，
就可以请人进来帮忙了。

柿原伸子太太

封闭式厨房

我的大儿子削皮削得最好。我把蔬菜从冰箱里拿出来后，他经常会跑过来帮我削皮。

冰箱　备餐台　餐桌　餐具柜　台面　微波炉台

冰箱放在炉灶的背面，家里人可以随时打开取东西

我做饭很少经过冰箱的位置，所以家人在开冰箱拿东西的时候不会撞到我，我喊一声"帮我拿一下胡萝卜"，就会听到孩子们一边说着"知道了"，一边跑过来帮我取东西。

洗涤台对面的墙壁上设置了收纳区域

大女儿每天会帮我整理架子上的碗。电饭锅、碗和筷子都分类整理好，拿的时候才不容易乱。

洗涤台旁边的收纳架上只放经常使用的餐具

洗涤台旁边的手工收纳柜里放着汤碗，以及装咖喱的碗、盘子等。这样就不用绕到桌子旁边装盘，节省了很多时间。

后吧台的高度按照孩子们的身高制作，
吧台里面也可以用来收纳

我们家开着一家干洗店，每天要去店里帮忙，家里有家务要做，到了晚上还要接孩子们放学，非常忙碌。家里的孩子们是帮忙的小能手。我希望他们以后都可以很会做家务，所以从现在开始让他们学习如何买东西，如何做饭。

所以在装修这个房子的时候，从操作台到冰箱，所有厨房用具的摆放位置，都是考虑了家人来帮忙时候的需求才确定的。制作了后吧台，让家人进来帮忙时可以并排站在一起进行操作。吧台下面放着经常使用的餐具，就算是孩子们也可以够到。这样的布局让做饭过程顺畅很多，也为我每天忙碌的生活减轻了一点负担。

为了防止碍事，
冰箱放在门口

即使在我做饭的时候，也不能只考虑自己，家人口渴了会自己来冰箱取饮料，所以冰箱放在门口最方便。

村上雅美太太

开放式厨房

每天都会用到的必需品都放在后吧台

水槽对面的吧台，可以容纳两个人以上同时操作。左边的面包罐里面平时会装着一些零食。

平时经常使用的盘子
放在吧台下面开放式收纳

左：经常使用的盘子按照大小整齐排列。
右：小盘子都放在篮子里，用的时候可以将整个篮子取出来。

吧台高度按照孩子的
身高来确定

这个吧台既是操作台也是配餐台，高度为 75厘米。4 岁的儿子站在小凳子上正合适。

厨房两大主要功能的巧妙设计使操作更流畅

小技巧

确定好每天早餐和下午茶时用的工具，
将它们集中放在一个地方，
每天准备的时候不会手忙脚乱

可以为忙碌的早晨节省时间

设计一个地方专门放早餐用具的好处

平塚爱太太

将原本的吧台
改造成早餐用具的专用收纳场所

其实，我不是很会做饭。所以，装修厨房的时候，无论是外观还是布局，都是以咖啡馆为模板，在这样的环境里可以提高我做饭的积极性。尽力遮盖厨房中的生活感，做早餐的用具集中放在一个地方。烤好的面包立刻就可以端上桌，先生、孩子都很喜欢。更让人高兴的是女儿也可以经常帮我端菜。

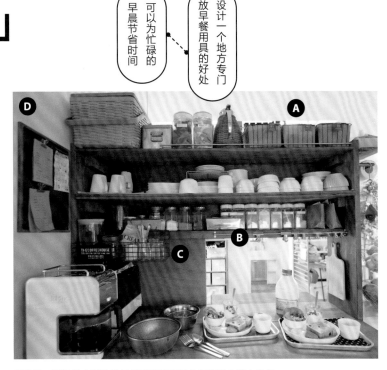

咖啡机、面包机之类的做早餐需要的用具放在吧台上集中收纳。

A 面包和零食

铁质收纳筐里加上一层蜡纸袋子，这样可以遮住各种各样彩色的包装。

B 营养粉和粉状物

我非常喜欢从"TAKEYA"买来的名叫"fresh lock"的PET 容器，不仅有很好的密封性能，复古风的外观也很时尚。

C 刀具和滤纸

经常使用的用具最好放在比较容易拿的位置。还有一个小技巧就是刀具根据大小放进不同的容器里。

D 家人喜欢的菜单

馅饼等家人喜欢吃的食物的配方，用夹子固定在小黑板上，想做的时候随时可以查看。

装饰柜的中间一层放着咖啡，牛奶和咖啡过滤杯。每天都可以以最快的速度为专门来喝咖啡的父亲端上咖啡。

（荒神经子太太）

装饰柜上的用具都要经过严格筛选后整齐摆放在架子上

家里有咖啡柜的好处

调节家庭气氛，说不定还可以培养家人自己泡咖啡的习惯！

我其实不太会收拾东西，但是我必须要给孩子们做一个好榜样！抱着这种想法，我在考虑了做饭以及收纳方式之后重新改变了厨房的布局。每天早上都要准备咖啡，咖啡用具就和咖啡杯一起放在装饰柜上。操作时可以减少不必要的步骤，泡咖啡的速度有了明显的提升。

为了确保操作空间，吧台台面上尽量不放东西。勺子、方糖等提前放在托盘里，需要的时候直接端出去即可。

（安川美树太太）

使用了两个"宜家"的架子

厨房最容易产生凌乱的生活感，使用各种 DIY 收纳，可以很好地控制哪些东西该遮起来，哪些东西可以露出来。咖啡用具可以提高时尚感，所以可以展示出来。吧台的旁边用两个"宜家"的架子组装成一个收纳架，咖啡用具可以摆在上面。自己喜欢的咖啡盒和烹饪书也放在上面用作装饰。

可爱的吸管和纸杯、餐巾纸收集在一起，制造出和咖啡店一样的气氛，瞬间就有了很不一样的感觉。

（青木绘理太太的厨房）

咖啡用具用手工制作的小推车收纳，看起来很像真实的咖啡店

我特别喜欢喝咖啡，每次看到好看的咖啡用具就忍不住想买回来。这个地方收纳着"自己喜欢的东西"。卖断货的"Takaoka"的黑色过滤杯放在架子的正中央，既方便拿取，又满足了视觉需求。

滤纸、咖啡研磨机等一块儿使用的东西就放在一起。一种东西尽可能只用一个瓶子装，不用浪费多余的瓶子。

（中川由纪子太太）

吊柜下面的区域可以改造成收纳柜

想要扩充家里的收纳空间，就在吊柜下面的区域加了一个柜子，像咖啡馆一样放上咖啡用具正合适。只是试着改造了一下，没想到效果这么好。炉灶上水烧开了之后，直接可以拿到吧台泡咖啡，非常方便，来客人的时候也不会手忙脚乱。

使上菜变得容易

配餐工具的收纳技巧

小技巧

快速将刚出锅热乎乎的饭菜摆上桌，
家人们也会吃得开心，
饭菜也变香了呢

安装在洗涤台的旁边，
只要左右移动就能完成上菜

我们家是壁挂式厨房，在洗涤台旁边空着的位置我 DIY 了一个架子用来装碗碟，再加上一个吧台，这样从做菜到盛菜只用在一个固定的空间左右移动就可以。在长吧台前的架子上放着家人使用的碗筷，容易取用。也正是因为这样的设计，不管是饭前的准备还是饭后的收拾，都能很快地完成。（浦美穗）

按顺序使用面前所摆放的物品

筷子和勺子最好按照家人们好分辨的方法进行收纳，比如按照颜色进行区分，孩子们也会乐意过来帮忙。

饭菜做好以后，走到吧台的前边，拿出盘子，将饭菜盛出，迅速端到饭桌上。

在盛菜区前只放日常使用的盘子，最好都是白色简单纹样的盘子，这样看起来也比较整齐。

在厨房和餐厅中间摆放盛菜用的碗碟

我一直在想，如果要孩子用起来比较方便的话该怎样摆放呢？最后得出的结论是将盛饭菜的碗碟放在餐桌周围，这样比特地走到厨房去拿要省事很多，就算孩子要搭把手，也会减少错误。看到孩子因为帮到我而变得那么开心，好像他自己变成了比我还要能干的小大人了呢。（仙崎佳代）

孩子过来帮忙的次数显著增多

"今天会用勺子和叉子是吧。"孩子会按照今天的菜品来安排碗筷等，完全就是一个小大人啊。

左：在餐桌下方留一个放置碗筷的区域。多层小抽屉按照类别进行区分。每天都要使用到的筷子、勺子、刀叉等放在最上面一层。

右：第二层是台布，第三层是餐垫。我的小天使已经完全掌握了每一样东西应该放在哪里。

追求最佳位置

垃圾箱的摆放位置也要追求极致

小技巧

垃圾箱是厨房不可或缺的一样物品，除去烦琐的分类，
试着注意设计和摆放方法哦

将矮一些的垃圾箱叠起来摆放

在洗碗槽前面的时候，可以不用转身就精准地找到垃圾箱。上方是可燃垃圾，下面是塑料垃圾。我将原本是象牙白的垃圾箱涂成了黑色。
（江原南太太）

将同样种类的垃圾箱放在柜台下面

使用和架子高度相适宜的垃圾箱

家中人数越多产生的垃圾也就越多，所以要选用大一点的垃圾箱。灰色的垃圾箱用来放可燃垃圾，绿色的垃圾箱用来放塑料制品，这样在工作台做饭的时候就可以随手将垃圾扔到最近的垃圾箱里了。不可燃垃圾和易拉罐等就放在阳台好了。

改变垃圾箱位置的目的

为了不让这些带盖铁制的大垃圾桶阻挡日常工作，所以将其放在能轻易拉出来的柜子下面。

根据垃圾的种类、大小和材质，改变摆放位置

左：在洗涤台旁边的木箱子中放的是食品类可燃垃圾。为了能快速打开它，我安装了木制手柄。
右：带盖"AY"的铁垃圾桶我用来放大件塑料制品及纸制品。（森本友美太太）

洗涤台的高度和收纳方式都可以按照自己的喜好设计，

这就是我们所说的"定制厨房"。

从这些手工艺品中实现梦想的薄田女士，不仅很享受做菜的时光，

更加深了和家人之间的联系。

1

order kitchen

厨房最需要下功夫的一部分

就是需要在洗涤台旁边放一个长桌，这样既能

使配菜更方便，还能当作工作台使用，

孩子也能愉快地参与其中。（薄田知子）

充满艺术感，

小孩子也能参与其中，

**并且提高
效率的
定制厨房**

　　在孩子上小学之后，我们就开始着手改造自己的家。在改造过程中我们对房间构造这一部分下了很大的功夫，尤其是怎样让厨房的工作更有效率。从前我们家是开放式厨房，虽然可以看到孩子的一举一动，但是有什么事情的时候就要绕着吧台来回跑，非常费时费力。搬到新家以后在洗涤台旁边配置了一个长桌，在做饭过程中我也可以及时看到孩子在餐厅玩或者在用电脑、写作业等。因为长桌可以当作工作台使用，所以在做的菜比较多的时候真的为我提供了很大的帮助。还有就是，因为摆放碗筷的架子就在长桌旁边，所以小朋友也会很积极地为我提供帮助，我们都很开心。

　　不过，最让我感到开心的是，家里所有人都可以参与到晚饭的准备工作当中。所以，我也终于有时间去尝试一直都想做的曲奇饼干了。

1. 我家是四室一厅的平房，餐厅还有天窗，所以平常白天会有阳光照进来，非常舒服。2. 休息的时候家人们会一起做面包、披萨。3. 为了收纳托盘、餐垫和装调料的小瓶子等，我在洗涤台旁边设计了一个像壁龛之类的小地方，还留了插座，非常方便。

因为长桌旁有摆放碗碟的柜子，所以装盘很快就能完成

1. 长桌旁有柜子，可以保证孩子来准备碗筷时不会和我撞到。2. 在比较浅的抽屉里放着的是刀叉，因为是分类放的，所以很容易就能找到。

按照篮子的大小，我在柜台下面增加了收纳部分

因为要摆放一些篮子用来收纳，所以我将工作台稍微提高了一些。有客人来的时候，工作台会有些乱，但就算这些篮子装得很满，客人也很难看出来。

order kitchen

理想厨房就是
拥有可以将每天需要用的东
西都放上去的超大工作台和
后置柜台。

从前我家里的工作台很小，
小到只能放下砧板，放不了多少
东西，为此我很苦恼。当时我很
想要一个家用烤箱，但是因为没
有放它的地方，所以就放弃了这
个想法。后来我拜托"艺术厨房"
帮我改造我家厨房，希望能够为
我设计出一个独一无二的专属厨
房空间。

后置柜台还有工作台变成了
存在于手边的，具有超大收纳的
区域，特别是工作台，给了我大
显身手的空间。从柜门到把手再
到地板，都用了我最喜欢的材料，
变成了我最想要的自然田园风。
多亏了这次厨房改造，家务事变
得更加容易，我也有了想要挑战
新式料理的想法。

这是一眼就可以看到餐厅的半岛型厨房，在木制柜子的映衬下，厨房整体有一种能
让人身心放松下来的独特魅力。

**带缓冲阻尼器设计的柜
门，不用担心夹到手**

抽屉上安装了小把手，再
加上抽屉门缓慢开关的设
计，就算小孩子也不用担
心会夹到手。

人工大理石，很好清洗

宽度为 65 厘米的工作台非
常方便，弄脏以后只要轻
轻一擦就可以，极易保养。

**活用工作台上方的空间
增加收纳**

工作台上方留下约能放置 500 毫升水杯
高度的地方，这里可以用来暂时存放需
要控干水分的牛奶瓶等。

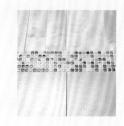

厨房要用好清洁的地砖，厨房里最好用"Sangetu"的赤陶类地砖，和餐厅的分界处最好用马赛克瓷砖。

从前我们的房子很小，所以孩子想要帮忙的时候我都会拒绝。在新房子里孩子终于能和我在一起制作料理了。

为了能放下所有家电，
我做了后置储物柜

为了能放下小烤箱，我安装了后置储物柜。这样想做什么都能很方便地找到，料理的范围也逐渐扩大。吊柜的门我采用了有花纹的玻璃和有相同纹样的拉手。

order kitchen

定制厨房
就来"Art Craft"

不论是自然风、艺术风，或者是田园风，你的所有愿望这里都能满足。我们这里有充满魅力的定制厨房。一切设备都由专业工厂提供，从形状到设计，从高度到宽度，全部满足您的要求，从每个细节实现个性化。

Art Craft
埼玉县川越市古谷上 5313-2
0120-357-475
http://www.craft-a.net/

2.5 米² 大小的储藏室
竟能放下工作桌

1. 储藏室能收纳食材、日用品等，甚至还有能给家电充电的插座。2. 甚至能放下一张长方形的桌子。学校的通知或者一些还想继续保存的书籍等都可以放在里面。

相关图书推荐

《王森经典面包教科书》
ISBN　978-7-111-66265-5

《王森经典蛋糕教科书》
ISBN　978-7-111-66047-7

《王森经典烘焙教科书》
ISBN　978-7-111-65929-7

《尤兰达的蛋糕教科书》
ISBN 978-7-111-65238-0

《沙拉厨房》
ISBN 978-7-111-65495-7

《糯米纸蛋糕装饰工艺》
ISBN 978-7-111-62877-4

《专业面包制作教科书 发酵篇》
ISBN 978-7-111-65880-1

《肉菜真好吃》
ISBN 978-7-111-63275-7

《快手厨房》
ISBN 978-7-111-63185-9

《烧烤宝典》
ISBN 978-7-111-61625-2

《周毅基础食雕：从零开始学果雕》
ISBN 978-7-111-63371-6

《周毅基础食雕：创意果蔬雕刻入门》
ISBN 978-7-111-65312-7

厨房台面堆满厨具杂物，操作空间不够，活动路线不流畅，经常找不着用具，这些是厨房使用者总结出的常见的厨房烦恼。面对杂乱无章的厨房，做饭的心情也随之消散。

本书介绍了日本主妇的厨房整理经验，多一个步骤便可解决厨房的杂乱无章，拥有能井然有序操持家务的厨房；冰箱、吊柜、地柜的收纳技巧，让厨房台面不再乱七八糟，用具随时能找到；越用越喜欢的厨房爱用物，包括各式锅具、食器、咖啡用具、清洁工具等，让你的厨房使用起来更加得心应手。

不必追求大厨房，掌握好整理技巧，小厨房也能发挥大作用，这些简单易学的厨房生活经验你值得拥有。

SEMAKUTEMO TSUKAIYASUI DAIDOKORO Copyright © SHUFU TO SEIKATSU SHA CO., LTD., 2017 All rights reserved.

Original Japanese edition published by SHUFU TO SEIKATSU SHA CO., LTD.

Simplified Chinese translation copyright © 2020 by China Machine Press

This Simplified Chinese edition published by arrangement with SHUFU TO SEIKATSU SHA CO., LTD., Tokyo, through HonnoKizuna, Inc., Tokyo, and Shinwon Agency Co. Beijing Representative Office, Beijing

本书由 SHUFU TO SEIKATSU SHA CO., LTD. 授权机械工业出版社在中华人民共和国境内（不包括香港、澳门特别行政区及台湾地区）出版与发行。未经许可的出口，视为违反著作权法，将受法律制裁。

北京市版权局著作权合同登记 图字：01-2019-2173 号。

图书在版编目（CIP）数据

风靡日本的厨房整理术 / 日本主妇与生活社编；蔡乐等译.
— 北京：机械工业出版社，2020.12
ISBN 978-7-111-66546-5

Ⅰ.①风… Ⅱ.①日… ②蔡… Ⅲ.①厨房－管理 Ⅳ.①TS972.26

中国版本图书馆CIP数据核字（2020）第177012号

机械工业出版社（北京市百万庄大街22号　邮政编码100037）
策划编辑：卢志林　　　　　责任编辑：卢志林
责任校对：张玉静　史静怡　责任印制：张　博
北京宝隆世纪印刷有限公司印刷

2021年1月第1版第1次印刷
185mm × 260mm · 6印张 · 116千字
标准书号：ISBN 978-7-111-66546-5
定价：49.80元

电话服务　　　　　　　　　网络服务
客服电话：010-88361066　机 工 官 网：www.cmpbook.com
　　　　　010-88379833　机 工 官 博：weibo.com/cmp1952
　　　　　010-68326294　金 书 网：www.golden-book.com
封底无防伪标均为盗版　机工教育服务网：www.cmpedu.com